橋

日本の橋：その物語、意匠、技術

跨越空間與距離的日本建築美學與文化

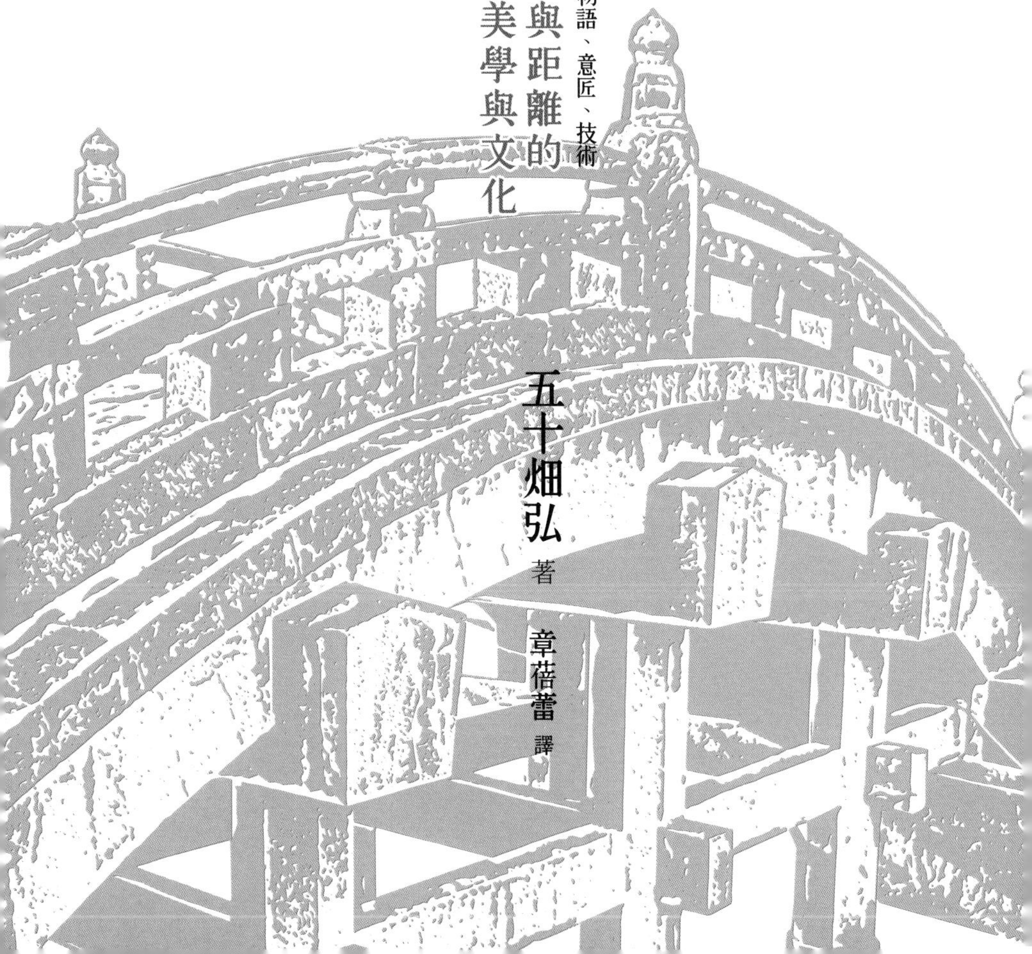

五十畑弘 著

章蓓蕾 譯

站在橋上看日本文化與歷史

橋是最接近我們日常生活的社會基礎設施。
為了確保人來人往的便利、舒適、安全，
橋在時代的技術驅使下，降生到這個世界來，之後，
在時光的流逝中，橋扮演著構造物的角色，也製造了許多物語。
橋與周邊環境組成的景觀，變成街景不可或缺的構成要素。
經由橋的物語、樣式與技術，我們對橋重新審視，更加了解日本的文化與歷史。

近世以前的橋——長崎的眼鏡橋。日本最古老的石造拱橋。一六三四年由中國人建設完成，是長崎中島川石造拱橋群當中的第一座橋。一九八二年長崎大水災時，部分橋體被洪水沖毀，後來又重新修復（→p67）〈長崎縣〉。

近代的橋——八幡橋（舊「彈正橋」）。一八七八年建造的國產熟鐵桁架橋。現在移往東京富岡八幡宮的後面（→p115）〈東京都〉。

現代的橋——明石海峽大橋。架設工程進行中遭遇阪神大地震，橋體出現輕微損毀。一九九八年竣工。跨徑一千九百九十一公尺，是全世界跨徑最長的吊橋〈兵庫縣〉。

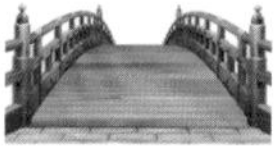

日本的古橋（江戸時代以前的橋）

江戸的橋

宇治橋。位於通往京都的要衝地點，曾經多次成為戰場（→p13）〈京都府〉。[I]

三条大橋。東海道西端的起點。橋下的河原地帶古時常用做刑場（→p28）〈京都府〉。[I]

瀨田橋。架設地點在琵琶湖南岸大津市瀨田。地處東國進入京都的交通要衝，因此跟宇治橋自古就登上歷史舞台（→p17）〈滋賀縣〉。[I]

五条大橋。從前的五条大橋位於更靠北側的路上，豐臣秀吉的時代才遷到現在的地點（→p33）〈京都府〉。[I]

四条大橋。四条大橋的創建時期可追溯到十二世紀(→p31)〈京都府〉。[I]

渡月橋創建於九世紀，江戶初期，角倉了以（一五五四～一六四一年）在現在的橋址，也就是桂川左岸與中州之間架起這座橋，橋長一百五十五公尺。現在橋墩已改用鋼筋混凝土重建〈京都府〉。[I]

日本橋模型。日本橋是江戶的橋的形象代表。江戶東京博物館中有座日本橋原寸重現模型(→p34)〈東京都〉。[I]

錦帶橋。十七世紀晚期創建，之後數次重建。最近一次是二〇〇三年（→p38）〈山口縣〉。[I]

反橋與石造拱橋

住吉大社的反橋。太鼓狀的橋桁，支撐橋桁的橋墩採用木材，支柱則是石造（→p47）〈大阪府〉。[I]

平等院鳳凰堂的反橋。淨土庭園的水池裡有平橋與反橋兩座橋。平等院創建於十一世紀中葉左右，現在這座反橋是最近才根據遺跡挖掘調查所得的資料重建的。(→p52)〈京都府〉。[I]

龜戶天神的反橋。境內有共兩座反橋，江戶時代的橋下原本有橋墩，後來在改建時拆除了（→p49）〈東京都〉。[I]

日光神橋。有人把這座架設在二荒山神社前方的神橋叫做反橋，但從構造上來說，這座橋應該是刎橋（→p55）〈栃木縣〉。[I]

稱名寺的反橋。稱名寺是北条實時在十三世紀創建，五十年後，才建了這座反橋。現在的反橋是根據遺跡挖掘調查獲得的資料重建的（→p53）〈神奈川縣〉。[I]

南禪寺水路閣。這座紅磚堆砌的拱橋，是為了疏濬琵琶湖而在南禪寺境內建造的（→p69）〈京都府〉。[I]

諫早的眼鏡橋。跟長崎的眼鏡橋一樣，都是兩個橋拱組成的石造拱橋。一九五七年諫早發生豪雨災害時被洪水沖毀，現已被移至上游四十公尺外的公園（→p67）〈長崎縣〉。[I]

創成橋。明治初期架設在札幌市區中心運河上的木造橋，一九一〇年改建為石造拱橋。橋長只有七公尺，跟東京的日本橋約在同一時期興建，兩座橋都採用現代手法建造〈北海道〉。[I]

西田橋。幕府末期曾在鹿兒島甲突川上建設了五座橋，西田橋就是其中之一。一九九三年水災時橋身受損，現已解體搬遷到石橋紀念公園（→p75）〈鹿兒島縣〉。[I]

山王橋是大分最具代表性的石橋。大分縣的石造拱橋幾乎都是在明治時代以後才建造的。
一九〇七年完成橋身主體。橋長五十六公尺〈大分縣〉。[I]

早期的鐵・鋼橋
混凝土橋

綠地西橋（舊「心齋橋」）。這座橋原是一八七三年從德國進口後架設完成心齋橋。後來橋桁解體後又重新修復，搬到大阪市鶴見區綠地公園裡當做行人步道橋，也是日本仍在使用的最古老的一座橋（→p113）〈大阪府〉。[I]

神子畑鑄鐵橋。是日本罕見的鑄鐵橋。原本為了運輸神子畑礦山出產的礦石而在一八八七年架設的鐵橋（→p122）〈兵庫縣〉。[I]

濱中津橋。一八七四年為了興建大阪・京都之間的鐵道橋而從英國進口的一百英尺矮桁架橋。其中部分橋桁現已移到大阪的十三大橋旁，改建成一座公路橋（→p115）〈大阪府〉。[I]

日之岡第十號橋。一九〇三年日本興建的第一座鋼筋混凝土拱橋。設計者是負責琵琶湖疏濬工作的田邊朔郎。比第十號橋早一年架設的第十一號橋，是日本第一座鋼筋混凝土桁橋，現在也被保存在第十號橋旁（→p138）〈京都府〉。[I]

南高橋（舊「兩國橋」）。關東大地震被震毀的舊兩國橋（一九〇五年），後來進行再利用，於一九三二年（昭和七年）重新架設完工〈東京都〉。[I]

物語與傳說中的橋

舊揖斐川橋梁。夏目漱石在小說《三四郎》裡面描寫京都・名古屋之間的車中景象，還有人物交談，很可能就是在包括舊揖斐川橋梁在內的木曾三川鐵道橋上。這座橋於一八八七年開始通車，今天仍然保存在原址（→p165）〈岐阜縣〉。[I]

一条戻橋。這座橋的位置在京都一条通跨越堀川的地方。自從八世紀創建以來，曾有無數傳說都跟這座橋有關（→p174）〈京都府〉。[I]

涙橋（現在的濱川橋）。江戶時代的鈴之森刑場位於現在東京都大田區，涙橋就在刑場附近，當時是即將行刑的犯人含淚告別親人的地方（→p172）〈東京都〉。[I]

布橋

《立山曼荼羅》（金藏院本）裡的布橋。畫中的反橋被描繪成罪人必將墜落的審判之橋（→p190）〈富山縣〉。

金藏院藏、提供：富山縣立山博物館

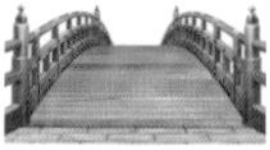

可動橋

長濱大橋。這座橋架設在愛媛縣肱川河口，一九三五年竣工，比勝鬨橋提前五年。現在這座橋仍然每天開啓橋桁，擔負著運輸任務（→p207）〈愛媛縣〉。[I]

筑後川昇開橋。原本是一九三五年建成的舊佐賀線鐵道橋，現已改為步道橋為行人服務（→p205）〈福岡縣／佐賀線〉。[I]

天橋立的小天橋。位於京都天橋立的可動橋，總共有三個跨徑，能夠旋轉的可動桁長度為兩個跨徑，交通繁忙時，每天旋轉的頻率可能高達五十次（→p203）〈京都府〉。[I]

前言

很久以前開始，人類就以各種方式影響自然，藉此追求生活環境的安全與便利。或許從人類有歷史以來，這些影響就已經存在了。如果想要狩獵，我們就得小心翼翼地踏上旅途，越過河川，穿過山谷，橫越森林；我們還必須開拓耕地，汲水灌溉；或是動手修建堤防，開鑿水渠，避免雨水與洪水侵襲住處。如果不以這些方式影響自然，我們根本無法安然度過每天的生活。

各式各樣影響自然的行動中，最基本又最常見的，就是人來人往，物品交流。不論是爲了共同作業，或以物易物，或從事交易，或舉行祭典，甚至爲了進行戰爭，人群必須聚集起來，帶著食物、飲水和資財等物品，從某處轉移到另一處。有時，自然地形會阻礙生活圈中人或物的往來移動。這時人類就需要想方設法，超越河川或山谷的障礙，使人或物都能自由進出。而其方式就是橋。

如果想要渡過小河，只需砍樹做橋；如果想要穿越山谷，只要用蔓藤編成繩索。然而，生活圈越來越大，人們必需超越的障礙物也越來越大，橋梁的規模也就跟著逐漸擴大。爲了達到這個目的，我們就需要研究各種造橋的技術。

長期以來，跟我們生活場所緊密相連的橋，隨時都在爲我們服務，所以橋也跟著變成地域社會不可或缺的構成要素。在這段過程裡，橋即是各種社會事件的舞台。正因爲如此，如果我們知悉每座橋的由來，深入探索它的歷史，也對我們了解人類社會的歷史與文化有所幫助。

橋是一種構造物，爲了維持自身的形狀，它必須具備抗拒重力，承受地震或風力等各種力學的條件。近代以後，鐵和混凝土的出現使橋的構造發生了極大的變革。產業革命發明了煤炭煉鐵的技術，也使廉價鐵的大量供應變成可能。產業革命以前的橋，只能使用木、石之類自然材料，有了煤炭煉鐵的技術，人類才能使用硬度較高的鐵材造橋。

日本從明治初期才開始建造鐵橋，後來因爲有了混凝土，日本才能建設近代的橋。近代的造橋技術也緊隨鐵道建設的腳步，發生了飛躍性變化。全國各地接二連三地建起排列如幾何圖形般的高速公路和橋梁。今天回顧這段橋梁的發展過程，也能幫助我們對社會的歷史與文化更加了解。

在這本書裡，我要向各位介紹一些跟橋有關的故事，這些橋曾經發生過各種事件，或成爲小說的舞台；我也打算從橋的造型切入，細心探討各種樣式設計；我還想從構造物的角度出發，向各位介紹橋梁的建造技術，使各位更加了解橋的歷史與文化。橋不僅具有多面性，更常被用來隱喻或暗示，成爲許多故事、小說的題材。在我們的日常生活中，橋的身影不僅對周圍景觀產生極大的影響，也是人們注意的對象。另外，科學家把橋視爲構造物，從力學角度進行過各種實驗分析，這段歷史軌跡，也是介紹橋梁文化時不可忽視的元素。

橋是人類在過去某個瞬間，因爲從事活動而製造出來的成果，而且人類至今仍在利用這種成果。所以說，橋的本身就是一段歷史，也是文化財。根據《廣辭苑》解釋，所謂的「文化財」，是指「為了未來的文化發展而必須繼承的昔日文化」；而「文化」的定義則是「人類對自然加工而形成物質與精神兩方面的成果」。

橋能幫助我們縮短交通時間、提供電與水的輸送、造成嶄新的視覺景觀等，這些都是橋帶來的物質成果；另一方面，橋也是影響生活形式的舞台道具，這是橋給我們帶來的精神成果。橋能夠超越世代，一直被人類使用，所以橋也是定時裝置，從開工建設的瞬間就已朝向未來出發，也可以說，橋就是實用的時間膠囊吧。橋也是我們解讀文化與歷史的最佳對象，就跟其他所有的建築物一樣。

如果各位因為閱讀本書，而把平日不曾留意的橋當成一扇窗，開始關心窗外的地域文化或歷史，這對多年來一直從事橋梁工作的筆者來說，將是從天而降的驚喜。

※在此特向曾對本書圖片提供協助的相關人士表示感謝。作者親自拍攝的照片都附註［I］記號。

目錄

【橋梁趣聞】

從古代到近代

1

現在的瀨田橋是由鋼筋水泥橋墩與銅桁構成。[I]

有關橋的文字記述，最早出現在《日本書紀》的卷二〈神代下〉。七世紀的時候，「日本三大古橋」：宇治川的宇治橋*、山崎橋、瀨田橋*就已建成。當時為了興建外地通往京城的交通要衝而建的三座橋，後來都數度淪為戰場，並在歷史的舞台上嶄露頭角。

古代的掌權者也利用神社信徒的捐款以及僧侶的協助，在京城的鴨川上建造了三大橋：三条大橋、四条大橋、五条大橋。中世紀之前建造的橋，大部分的構造都很簡樸。直到十六世紀後期以後，戰國時代結束了，天下漸趨統一，京都、大坂，以及號稱「東國」的關東地區，各地才開始紛紛動工興建真正的橋。之後，到了江戶時代，全國大小城鎮都忙著修建道路，整建城鄉，同時也在各地建築橋梁。

在本書第一章，我將按照古代到近代的順序，介紹幾座緊隨時代腳步登上歷史舞台的橋，以及跟這些橋有關的故事。

日本的古橋

◎ 史籍中的古橋

《日本書紀》中的記載

日本現有的文獻當中，最早跟橋有關的文字紀錄，出現在《日本書紀》的卷二〈神代下〉。現代語譯本《日本書紀》裡面有這一段文字：「爲了讓大家能在海上任意往來遨遊，讓我們建造高大的橋梁、漂在水上的浮橋，以及像鳥兒飛行一樣迅速的船隻吧。此外，也讓我們在天河之上搭建可以隨時拆卸的便橋吧。」《日本書紀》〈神代下〉的內容主要講述關於海神與山神的神話世界，儘管我們現在無法確認內容的真僞，但是根據這段最早的文字記述可知，當時除了普通橋梁之外，還有浮橋，以及用完後可以拆除的便橋。

同樣也是在《日本書紀》的卷十一〈仁德天皇〉裡，有一段文字記載茨田堤和淀川的堀江等日本最古老的土木工程。此外，還有關於搭建橋梁的紀錄：「十四年冬十一月，豬甘津之上架起一座橋，命名爲小橋。」仁德天皇十四年就是西元三二六年，當時搭建的那座橋，架設在今天大阪市東成區內的平野川上面。

不僅如此，書中還有一段紀錄，記述西元六一二年（推古天皇二十年），架橋技術從大陸

用語解說——**宇治川的宇治橋：**伊勢神宮的內宮參道有一座橫跨五十鈴川的古橋，也叫做「宇治橋」，而這裡的宇治橋則指橫跨京都南部宇治川的那座橋。

瀨田橋：道路管理單位或觀光案內標誌上，經常把這座橋寫成「瀨田的唐橋」，有時也寫成「勢多的唐橋」或「長橋」。本書則根據《明智工業史　土木編》一書內容寫為「瀨田橋」。

傳來日本的經過。「這一年，許多百濟居民因仰慕日本而前來定居。（中略）其中有個人主動表示：『我會一些小技能，如能將我收留，肯定能對貴國有利。』於是掌權者就命令他建造須彌山（佛教中象徵宇宙中心的神山），並在御所的庭院裡興建一座具有『吳風』特色的橋。當時，大家給這名技工取了名字，叫做路子工。」所謂具有「吳風」特色的橋，一說是指石橋，但是眾說紛紜，直到今天都沒有定論。大分縣宇佐神宮的西參道有一座「吳橋」，長約二十五公尺，是一座上方覆有屋頂的木造拱橋。香川縣的金刀比羅宮有一座「鞘橋」，橋上也覆蓋著宏偉的屋頂。或許所謂的「吳橋」就是指這種附有屋頂的橋。另外還有一種可能，或許因為這種橋跟中國蘇州附近的拱橋外型十分相似，所以叫做「吳橋」。因為蘇州古代稱為「吳」，當地的拱橋是利用具有弧度的橋梁作為支撐（請參閱本書第二章的「反橋」）。

長柄橋

此外，《日本後紀》裡有關嵯峨天皇八一二年（弘仁三年）的記載裡寫道：「六月己丑遣使造攝國長柄」（為攝津國架設長柄橋而派遣造橋使）。據說這座長柄橋的架設地點，就在通往難波長柄豐碕宮那條路橫越淀川的地點。

今日的長柄橋是一座提籃式拱橋*，從橫跨淀川的東海道本線鐵路望去，長柄橋位於上游，跟天神橋筋（路名）相連。但因為古時淀川的河道流向跟今天不一樣，所以我們並不清楚古代長柄橋的確切位置。

在中央集權的律令時代，朝廷即將興建橋梁之前，首先要設置造橋所，由天皇或太政官頒布命令，任命造橋使。橋梁建設工程所需的材料由當地提供，造橋使負責執行監工。

長柄橋曾經多次出現在《古今和歌集》等詩歌或文學作品裡，一般人也對這座橋耳熟能詳，所以大家都以爲這座橋已爲行人服務了很長的時間。其實，這座橋從建成到廢棄，只有短短的四十年。之後，淀川之上一千多年都沒再建橋，只靠渡船聯繫兩岸。直到明治時代以後，才重新建造另一座長柄橋。

用語解說──提籃式拱橋：拱橋的一種，橋拱橫向內傾，外觀像提籃的把手，因而得名。

國家史蹟・天然紀念物相摸川橋橋墩。順著橋軸方向可看到橋墩的行列。現在橋墩又重新埋回保存池底的泥土中，池中裝滿了池水。事實上，照片裡看到的橋墩是複製品。[I]

相模川橋的木製橋墩

有些古橋是因爲留下了物證，我們才知道它們曾經存在。譬如相模川橋就是其中之一。關東大地震的時候，由於當地土壤發生液化現象，地底冒出了十根檜木橋墩，每根長達五十公分至七十公分。發現橋墩的地點跟現在的相模川之間有段距離，大約位於ＪＲ茅崎車站西邊約兩公里的地方，也就是新湘南外環道路跟一號國道相交處。根據已知的資料顯示，中世紀的相模川位於今天的河道之東，我們再對照《吾妻鏡》的文字紀錄即可推斷，後來因地震而露出地面的那些木柱，應是鎌倉時代的相模川橋的橋墩。

橋墩出現之後，歷史學家沼田賴輔根據史蹟調查結果進行考證，發現那座相模川橋是在鎌倉時代一一九八年，由幕府將軍源賴朝的部下稻毛重成所建，而他建橋的目的，則是爲了紀念自己的妻子（源賴朝的正室北条政子的妹妹）。

根據出土的橋墩排列位置來看，當時橋面寬度約爲九公尺，遠超過瀨田橋或宇治橋的七・二公尺，規模幾乎可跟五条大橋的九・五公尺匹敵。

◎日本三大古橋

宇治川的宇治橋、淀川的山崎橋，以及琵琶湖支流瀨田川上的瀨田橋，這三座橋號稱「日本三大古橋」，都是在歷史舞台上露過臉的代表性古橋，也是擁有各自歷史故事的著名古橋。

現在的宇治橋，照片是從西側的下游方向取景。（二〇一六年攝影）[I]

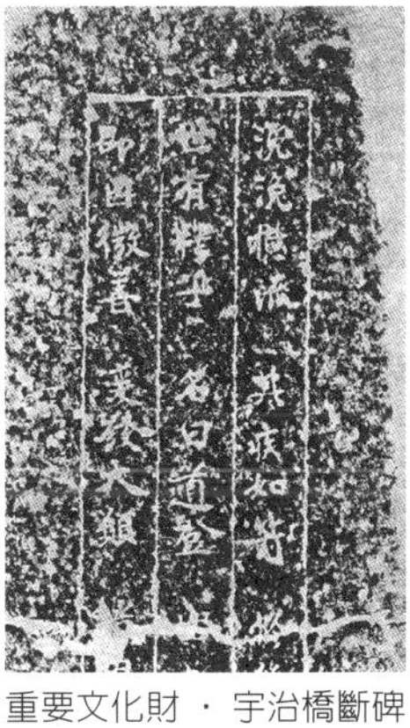

重要文化財 · 宇治橋斷碑碑文。橋寺放生院收藏

宇治橋西邊橋頭。木製欄杆上方有擬寶珠作為裝飾。[I]

宇治橋

今天的宇治橋位於京阪宇治車站前方的宇治川上。橋寬二十五公尺，兩側是人行道，橋長約一百五十五公尺，交通流量相當頻繁。我們走出車站，立刻就能看到宇治橋的東端，從這裡過橋後，就能到達西岸的宇治平等院。

宇治橋是由僧侶道登（生卒年月不詳）於西元六四六年（大化二年）創建。橋邊的「橋寺放生院」內收藏著江戶時代發掘的石碑碎塊，上面的碑文記載了這段建橋的經過。但根據《續日本紀》記載，宇治橋卻是法相宗的僧侶道昭（六二九～七〇〇年）所建。

紫式部所寫的《源氏物語》結尾的部分「宇治十帖」，就是以這裡作爲舞台，也因爲這個理由，宇治橋西側橋頭現在建了一座紫式部的石像。

平安時代中期編纂的律令條文《延喜式》曾提到：「宇治橋的橋面木板分別由近江國提供十塊，丹波國提供八塊，每塊木板長三丈，寬一尺三寸，厚八寸。」由此可知，當時地方進貢的橋板尺寸也有明文規定，每塊木板的寬度四十公分，厚度二十四公分，長度約九公尺，若將這些木板橫向順序鋪在橋面上，當然可以建成一座寬幅九公尺的宏偉木橋。

然而，十五世紀後期發生「應仁之亂」以後，負責管理這座橋的「橋寺放生院」日漸式微，再加上宇治川常常洪水氾濫，宇治橋被水沖走之後，長達一個世紀以上都是無橋的狀態。直到一五八〇年，織田信長才又重新建造了另一座宇治橋；之後，豐臣秀吉興建伏見城時，也同時重建宇治橋。等到德川幕府完全掌握政權，二代將軍德川秀忠於一六一九年再度改建宇治橋。此後，這座橋一直是由德川幕府負責掌管。

山崎橋

淀川是由桂川、木津川與宇治川等三條河流會合而成，山崎橋就建在合流處附近，擔負了連接山城國山崎與橋本的任務。這座橋是在八世紀初，由奈良時代高僧行基（六六八～七四九年）興建而成，現在橋身已不存在。

西元六四五年的大化革新之後，爲了完成建設律令國家的目的，政府實施的政策之一，就是藉由執行班田收授法來確保國家的歲收。這項政策還需要各項技術支

山崎橋與橋本的景象（圖為大山崎歷史資料館所展示的模型）。圖片下方是山崎，上方是橋本，淀川則從右邊流過。[I]

標示「山崎院」遺跡的石碑。「山崎院」即是管理橋梁的辦公室，也是行基傳教的道場。石碑就在現在的 JR 山崎車站旁邊。[I]

援才能付諸實現，譬如按照「条里制」（南北稱条，東西稱里）劃分土地的測量技術，還有開鑿渠道，將水引進蓄水池的土木技術等，上述各項技術在當時被視爲先進知識，跟隨佛教一起從大陸傳來日本。而擔負起傳遞知識任務的，就是日本的僧侶。八世紀至九世紀之間的著名高僧空海（七七四～八三五年），曾以遣唐使的身分前往長安修習密教，同時也習得藥學與土木技術。「道路、水渠、儲水池、橋梁等土木工程都跟宣揚佛教一樣，屬於僧侶的活動範圍。」讀到這段文字，大家或許會以爲，當時的僧侶除了宣揚佛法的正業之外，還要從事架設橋梁的副業。而事實上，只有現代人才會把僧侶跟技術人員分開，以爲他們是不同領域的專家，其實不論是宗教、藥學或土木工程，當時都是僧侶的正業。

譬如行基就是其中一例，他跟隨高僧道昭學習專門技術，製成了號稱日本地圖原型的「行基圖」，這幅圖也是日本最早的全國地圖，直到後來的江戶時代，仍在廣泛利用這幅地圖。

據說，中世紀的歐洲也有僧侶從事土木工程的前例。當時的聖職人員團體除了宣傳基督教義，也同時進行橋梁的修補與架設等工程。譬如像羅馬教皇的正式名稱「大祭司（pontifex maximus）」（造橋者之長），就跟造橋有關，這個名稱一直到現在仍在沿用。

接下來，讓我繼續介紹一下山崎。前面提到的三條河流在山崎地方會合後流向攝津平原，也因此，山崎自古就常發生洪災，山崎橋也經常被大水沖毀。這座橋最初是由僧侶行基在七二五年（神龜二年）建成。同時還設立了「山崎院」，專門負責管理橋梁相關事務。不過根據歷史記載，山崎橋在十一世紀時就已不復存在，後來雖在十六世紀末暫時重建，卻又馬上被沖毀了。之後，直到二十世紀的今天，在這段漫長的歲月裡，民眾只能利用渡船過河，山崎橋也始終沒再重建。

今天大家搭乘阪急電鐵在大山車站下車，立刻就能看到站旁的「大山崎歷史資料館」。館內有一座模型，展示出山崎橋連接山崎與對岸的橋本等地的整體風貌。

瀨田橋

現今的瀨田橋架設在大津市瀨田，是滋賀二號縣道大津能登川長濱公路跨越瀨田川的位置，全長兩百六十

現在的瀨田橋。（兩張皆攝於二〇一五年）[I]

公尺，橋身被河中的沙洲分爲兩段。瀨田橋與宇治橋一樣，自古就經常出現在歷史舞台上。

古代從東國前往京都的路線有兩條，一條是穿越琵琶湖的水路，先順著中山道南下，越過琵琶湖東岸的近江平原後，從湖面漸窄的矢橋乘船渡過南端的湖面；另一條路線走陸路，從更南端的瀨田前進。

瀨田川從它的源頭琵琶湖流出後，先向南流，再向西繞個大彎，從琵琶湖西岸流經逢坂，繼續往南流過丘陵連綿的醍醐山地南部，最後抵達宇治。從這裡開始，瀨田川改名叫做宇治川，一直向前流去，到了山崎附近，跟東南方面流來的木津川，還有京都方面流來的桂川會合後，改名叫做淀川。

瀨田川、宇治川從琵琶湖流至山崎的全長大約是五十公里。河道在琵琶湖南邊八公里處突然轉個彎，變成了南北走向。而這種絕妙的地形條件，全是靠周圍的山岳地帶造成。瀨田川、宇治川是抵禦東國進軍京都的自然防線，架設在兩條河上的瀨田橋和宇治橋，則是進出京都的交通要衝。所以從古代起，瀨田和宇治兩地就發生過無數次戰爭，因而登上歷史的舞台。

宇治川與瀨田川的河道。

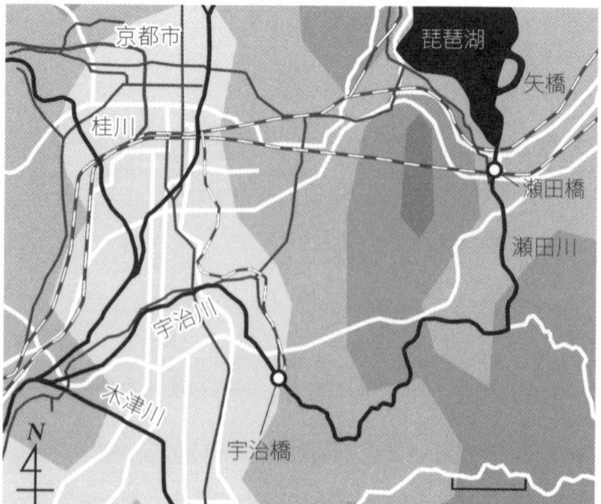

與瀨田川有關的主要戰爭

西曆 （和曆）	與瀨田橋有關的戰爭、叛亂
二〇一 （神功皇后攝政元年）	武內宿禰追擊叛亂的麛坂王與忍熊王，從逢坂一直追到瀨田橋，終於將叛軍擊潰。
六七二 （天武天皇元年）	壬申之亂。大海人皇子的軍隊下橋後從東側渡河進擊，大友皇子的軍隊在瀨田橋西側布陣，企圖阻止對方，最後以失敗告終。
七六四 （天平寶字八年）	惠美押勝之亂。惠美押勝vs.山背守日下部子麻呂等，對峙。
一一八四（壽永三年）	源範賴，義經vs.木曽義仲，對峙。
一二二一（承久三年）	東軍的北条時房vs.京軍的山田重忠等人，以及比叡山教徒，對峙。（原文誤植為叡山）
一三三六（建武三年）	足利直義vs.名和長年等，對峙。
一五八二（天正十年）	本能寺之變發生後，明智光秀vs.勢多城主，山岡景隆，對峙。

與瀨田橋有關的戰爭

根據《日本書紀》記載，歷史上最早發生在瀨田的戰役，是麛坂王與忍熊王聯手向神功皇后發動的叛變之戰。西元二〇一年（神功皇后攝政元年），皇后命令武內宿禰帶兵跟忍熊王在宇治展開戰鬥，忍熊王中了武內宿禰的計謀，兵敗撤退，武內帶領精兵追擊，一直追到大津西邊的逢坂（也叫「追坂」），大批士兵在栗樹林中被殺，忍熊王繼續逃往瀨田，最後終於走投無路，在瀨田的渡口投水自盡。當時的瀨田川必須搭乘渡船才能到達對岸。據說忍熊王的屍體一直沒有在瀨田找到，幾天之後，才在下游的宇治被人發現。

後來發生壬申之亂的時候，瀨田再度成爲戰場，但那時河上已有瀨田橋。《日本書紀》的〈天武天皇 上〉裡記載了大友皇子與大海人皇子分別佔據瀨田橋兩端對峙的戰況。西元六七二年（天武天皇元年）七月，大友皇子的軍隊佔據了瀨田橋西端，他命令士兵將橋梁中央部分截斷，並在缺口鋪上木板，只要敵兵企圖踏上木板進襲，士兵立即抽掉木板，藉此阻止敵軍來襲。但是大海人皇子的軍隊仍然前仆後繼不斷襲來，最後擊潰了大友皇子的軍隊，大友皇子被逼無奈，只好選擇自盡。

惠美押勝之亂（西元七六四年）的戰場則是從宇治轉向瀨田。根據史料記載，那場戰爭中瀨田橋曾被燒毀，由此可知，當時瀨田川上是有橋的。之後，雖又架設了另一座橋，但隨著時代的演變，瀨田川在某些年代也曾因爲橋梁破損，而改用渡船作爲連接兩岸的交通工具。

時光荏苒，瀨田橋和宇治橋在之後的時代也曾數度成爲動亂事件的舞台，譬如木曾義仲與平家之間的交戰（一一八三年）；第二年，源範賴、義經合力討伐義仲；後來又發生「承久之亂」（一二二一年），也就是後鳥羽上皇的士兵跟鎌倉幕府軍進行交戰；一三三六年，足利直義與名和長年、千種忠顯等人進行戰鬥；一五八二年（天正十年）「本能寺之變」發生後，明智光秀與山岡景隆的對立等。

瀨田橋的位置

各地現存的古橋當中，許多橋名仍然沿用古時的名稱，但架設地點卻因時代變遷而有所變動。譬如像今天瀨田橋的位置，似乎就不是從前渡船通過的地點。

江戶時代的瀨田橋。右側的河中有小島。
擷自《東海道名所圖會》秋里籬島，一七九七年

瀨田橋從古代就已存在，但一直到一五七五年（天正三年），才在織田信長的指揮下，進行真正的橋梁整備工程。據《信長公記》記載，瀨田橋的長度約一百八十間（約三百二十四公尺）。一間等於一・八公尺），寬度約四間（約七公尺），整座橋的中間並無間斷，而是一口氣將兩岸連接起來。但根據一七九七年（寬政九年）出版的《東海道名所圖會》記載，當時的瀨田橋卻是由兩座橋組成。「小橋二十三間（約四十一公尺），大橋九十六間（約一百七十三公尺）。」附圖裡還畫了河中的小島，顯然不是信長當時架橋的地點。

另外根據《明治工業史　土木編》推測，瀨田橋在江戶時代以前的位置，大概比現在東海道新幹線及名神高速公路越過瀨田川的地點

織田信長架設瀨田橋之後的改建工程（根據《明治工業史 土木編》的記載製作的表格）

西曆（和曆）	改建工程	改建工程的間隔（年）
1575（天正3）年	織田信長下令進行改建	—
1583（天正11）年	本能寺之變第二年，豐臣秀吉下令進行改建	8
1630（寛永7）年	江戶時代由幕府掌管，實際工程則由奉領一萬石俸祿的膳所城主負責。	47
1661（寛文元）年		31
1677（延宝5）年		16
1682（天和2）年		5
1694（元禄7）年		12
1727（享保12）年		33
1741（寛保元）年		14
1772（明和9）年		31
1793（寛政5）年		21
1804（文化元）年		11
1815（文化12）年		11
1830（文政13）年		15
1847（弘化4）年		17
1861（文久元）年		14
1875（明治8）年	明治政府進行建設	14
1895（明治28）年		20
	平均（年）	18.8

更靠近下游，也就是石山寺的附近。換句話說，當時瀨田橋的位置要比現在更往下游移動六百公尺左右。

瀨田橋的改建工程

織田信長在天正年間架設瀨田橋之後，歷年進行改建工程的確實年月都刻在擬寶珠上。每次這座木橋或木製橋墩進行重修時，欄杆上的擬寶珠也同時更新，擬寶珠就像記錄橋梁履歷的「橋歷板」，一代一代地傳下去。

我們從紀錄中看出，瀨田橋的改建工程平均十九年進行一次，其中最短的間隔是五年，最長的大約將近四十七年。跟現代橋梁的壽命比起來，古代橋梁都很短命。但當時一般人並不認爲需要設法延長橋梁壽命，來克服短命的缺點，大多數人都相信，橋梁會隨著歲月而逐漸損耗、劣化，有時還遭到地震、洪水、颱風等無法抗拒的自然災害帶來各種損害或損毀，橋梁就跟住宅的紙門、紙窗、檜皮葺屋頂，或迴廊外的長形木台一樣，使用了相當的時日之後就得更新。

日本人自古就已意識到基礎設施的壽命很短，凡是具有形體的東西，總是經常發生變化，這種看法一直延續到現代，大眾對社會基礎設施壽命長短的認知，也深受這種看法的影響。

◎東海道的古橋

明治時代前的東海道分成好幾條路線，每條路線都是先從京都出發，經由大津繞過琵琶湖南邊，再從草津越過鈴鹿後，繼續朝向桑名前進。桑名向東出發後走海線，一直通往尾張（即今天的名古屋）的熱田。這條路線也叫做「七里之渡」。另外還有一條繞得比較遠的路線，可在木曾川乘船逆流而上，再走陸路到達熱田。

東海道的沿途有許多大川大河，譬如像濱名湖、天龍川、大井川、安倍川、富士川等，從中世紀到江戶時代，民眾過河的方法只有搭乘渡船，或雇用挑夫把自己背過河。因爲這些河川在明治時代以後才開始搭建橋梁。更重要的是，只懂得建造橋梁結構的技術，是沒法在河上架橋的，必須要同時擁有治水的技術，知道如何將每年變幻莫測的水流維持固定的狀態，才有可能在河上架橋。

上述東海道沿途的河川當中，江戶時代之前就已架橋的包括矢作川、濱名川、吉田川（豐川）和六鄉川，這四座橋並稱爲「東海道四大橋」。矢作橋架設在今天的愛知縣岡崎市內的矢作川上面，吉田大橋位於豐橋市內的豐川之上，濱名橋位於靜岡縣湖西市新居町附近跨越濱名川的地點，而六鄉橋則在架設在多摩川之上。但這四座橋並非一直沿用到現在，濱名川和六鄉川上的古橋在江戶時代的時候就已經不見了。

矢作橋

西元一六〇一年（慶長六年），岡崎市的矢作川上架設了矢作橋，全長超過兩

江戶時代的矢作橋（歌川廣重《東海道五十三之內　岡崎　矢矧之橋》。東海道四大橋之一。（國立國會圖書館收藏）

百公尺，這座橋也是江戶時代規模最大的長橋。現在的矢作橋比從前架設在東海道上的那座橋更靠近南邊的位置。

濱名橋

根據平安初期的史書《三代實錄》記載，濱名橋建於八六二年（貞觀四年），年代已經十分久遠。當時的濱名湖不像今天，並未與海直接相連，而是從湖中流出一條濱名川注入遠州灘（海灣）。東海道則繞過湖面南側，然後過橋跨越濱名川。這座橋叫做「濱名橋」，算是規模相當大的橋梁，寬度約四公尺，長度超過一百五十公尺。從貞觀年間首度架設以來，曾經數次重修，直到十五世紀末，東海地方發生的明應東海地震帶來海嘯，改變了周圍的地形，湖水直接流進海裡，之後便由渡船代替橋梁，成爲當地人渡過濱名川的交通工具。明治時代以後，濱名橋才又被重新建造起來。今天我們搭乘新幹線經過附近時，可從車窗遙望濱名湖海濱的濱名外環道上有一座橋，這座水泥箱桁橋＊全長六百三十二公尺，橋墩之間最大的跨徑＊爲兩百四十公尺。

用語解說——水泥箱桁橋：橋桁的斷面形狀很像水泥箱的斷面，這種橋桁也叫做水泥匣桁。
跨徑：指支點與支點之間的空間，或這段空間的距離。

吉田大橋

據東海道三河三州的驛站「吉田宿」留下的紀錄顯示，「元龜元年，關屋之渡口首度架設土橋」，所以說，最早是在一五七〇年（元龜元年），德川家康的家臣酒井忠次負責在吉田川（豐川）上架起了這座土橋。後來到了一五九一年（天正十九年），才在土橋附近的下游建造了另一座木橋。這座橋也是長度超過兩百公尺的大型長橋，在江戶時代屬於幕府撥付經費管理的公儀橋。

六鄉橋

一六〇〇年（慶長五年），德川家康下令建造六鄉橋，後來雖然數度重修，但在一六八八年（元祿元年）遭洪水沖走之

現在的六鄉橋連接川崎的橋頭石柱上有一幅浮雕畫，主題是明治天皇跨越六鄉川進入東京的情景。（二〇一六年攝影）[I]

前，這座橋一直擔負著連絡兩岸的任務。一八六八年（明治元年）明治天皇遷都東京的大隊人馬需要渡河，當時曾以二十三艘木船連成船橋，之前大約兩百年之間，六鄉橋始終沒有重建，兩岸行人只能靠渡船過河。

現在的六鄉橋旁有一塊「明治天皇六鄉渡御碑」，碑上的浮雕畫描繪出明治天皇的人馬經由船橋渡河的景象。六鄉橋不僅名列東海道四大橋，同時也是江戶三大橋之一，全長約兩百公尺，寬度約八公尺，外觀非常宏偉。但在橋身被沖毀之後，渡船的營運任務便交給「川崎宿」負責，而船票與住宿費也就成爲宿場町的重要收入。

現在的六鄉橋。（二〇一六年攝影）[I]

後來到了明治時代，六鄉橋在一八七四年（明治七年）進行重建，只是這座木橋建成後沒過幾年，就被洪水沖走了。其後雖然又搭建了一座新橋，卻再次遭受損毀，直到大正初年爲止，行人都只能利用應急的臨時木橋往來兩岸。而六鄉川之後重新架設真正的橋梁，是在大正末年。一九二五年（大正十四年），從美國回國經營設計公司的增田淳，爲六鄉川設計並建造了一座大橋，他曾在美國的橋梁公司實際從事過設計工作。這座六鄉橋是由系杆拱橋*與鋼板桁橋*

組成的混合體。今日的六鄉橋則是在一九八七年（昭和六十二年）將從前的鋼材橋拱改建成現在的連續箱桁橋＊。

◎京都鴨川三大橋

京都跟大阪一樣，都曾是古代都城，所以市內也有很多年代久遠的古橋。其中最有名的，就是橫跨鴨川上面的三座橋：三条大橋、四条大橋、五条大橋。這三座橋雖然位置相近，並且都架設在同一條河上，卻各有特色。

三条大橋

三条大橋（昭和天皇即位大典紀念。一九二八年十一月）。
土木學會附屬土木圖書館提供

現在的三条大橋，是一九五〇年建設的鋼筋水泥大橋。木製欄杆上面保存了一五九〇年以來一直用來裝飾的擬寶珠。（二〇一六年攝影）[I]

關於三条大橋的創建時期，相傳在應仁之亂以前，就已有石橋存在，但確實狀況始終無法掌握。今天的三条大橋，是在戰國時代即將結束的十六世紀末建造的。等到戰亂平息之後，全國各地才開始進行基礎建設，所以這段時期也是各地展開橋梁建設的時期。

豐臣秀吉為了發動平定天下的最後一戰，出兵攻打小田原的北条氏之前，下令重修三条大橋。全部工程在一五九〇年（天正十八年）一月竣工，當時的施工法全都記錄在《明治以前日本土木史》裡面。根據書中記載，三条大橋是一座「石柱木欄附加擬寶珠」的石橋。架橋之前，先在河底掘出一道長約九公尺的深溝，底部鋪上長寬各三十公分的檜木角材，並將木材組成木筏形狀，木筏上方再鋪上石材，築成橋梁的基礎。地基完成之後，又在河底豎起六十六根圓形斷面的石柱，上面搭覆形狀彎曲的石桁。橋上的欄杆採用木製，頂端裝飾十八個青銅製擬寶珠。直到今天，當時的擬寶珠仍然安裝在三条大橋的木欄杆上。

三条大橋是東海道西端的起點，另一頭的東端起點則是日本橋。三条大橋在規格上屬於幕府管理的公儀橋，但從十八世紀以來，實際的維護工作則是由歷代皇室御用的三井家負責。江戶時代以後，由於鴨川反覆氾濫，三条大橋也不斷遭受沖失或損毀的命運，在幕府結束之前，三条大橋總共重修過十次左右。每天從京都市外經由三条大橋進入市區的行人多如過江之鯽。西端橋頭的北側豎著「高札」，也就是古代公布法令和發布公告的告示牌。附近的三条河原也

用語解說——**系杆拱橋**：用連結材將橋拱兩側的支點連結起來，藉以固定支點，防止發生水平移動的拱橋。
板桁橋：橋桁的斷面形狀呈現I形，規模較小的橋梁常採用這種形式。
連續箱桁橋：橋身使用三個以上的支點作為支撐，以連續的複數跨徑構成的箱桁橋。

是豐臣秀次、石田三成、近藤勇等人被斬首、處刑的地點。三条大橋周圍地區從江戶時代就有很多旅店，即使到了今天，這裡的旅館數目跟京都其他地區比起來，也算是比較多的。

四条大橋

四条大橋最早建於一一四二年（康治元年），據說是由祇園感神院（八坂神社）的參拜者捐款集資興建的。每年七月舉辦祇園祭的時候，三台神輿的遊行隊伍渡河時必定要走四条大橋。而這座屬於庶民的大橋被洪水沖走或沖壞時，重修或重建的費用都由僧侶、信徒捐款籌措。十六世紀末，建仁寺、東福寺曾用募捐得到的善款，重新修建過四条大橋，但江戶時代以後，修繕資金較難籌集，大橋也就無法繼續定期進行維修，最後甚至只能順應水勢而用小塊木板搭建臨時橋。每年祭典的神輿渡河時，雖然也會搭建祭典專用的臨時大橋，但是祭典一結束，大橋也就立即拆掉了。

這種狀況一直持續到一八五七年（安政四年），四条大橋才又重新建造起來。當時是由京都的富豪、供奉祇園神祇的信徒，還有各町居民等，共同出資購入四十二根石柱作爲橋墩，然後建成一座長九十公尺，寬四・五公尺的大橋。一八七四年（明治七年），四条大橋改用熟鐵建造，一九一三年（大正二年）又改建爲鋼筋水泥拱橋。今天的四条大橋則是一九四二年（昭和十七年）架設的板桁橋。

一九一三年（大正二年）同時開通的四条大橋（上）和七条大橋（左），兩者皆為混凝土拱橋的設計。
土木學會附屬土木圖書館提供

現在的四条大橋。一九四二年（昭和十七年）建設，一九六五年（昭和四十年）增設了欄杆部分。（二〇一六年攝影）[I]

五条大橋

五条大橋原本位於五条通北邊的松原通上面。這條路就是平安京的五条通，也是民眾前往清水寺參拜的道路。行人走過這座橋橫越鴨川，繼續向東，走上清水坂，便可到達清水寺。所以五条大橋也叫做「清水寺橋」，又因爲建橋的費用來自清水寺僧侶從各界勸募所得的善款，所以這座橋又叫做「勸進橋」。（日文的「勸進」即勸募之意）

五条大橋遷到現在的位置，是在一五九〇年（天正十八年），豐臣秀吉爲了便於參拜方廣寺，將橋遷到六条坊門小路，而這條路也就是現在的五条通。

後來到了江戶時代的一六四五年（正保二年），近江八幡的觀音寺發起勸募活動，利用募款重新建造一座長一百三十公尺，寬七・五公尺的新橋，這次建橋工程也是五条大橋最後一次利用民間捐款重建。之後，五条大橋從「勸進橋」變成了幕府負責掌管的「公儀橋」。

傳說中的弁慶與牛若丸在這座橋上打過架。這個有名的故事發生在從前的五条大橋上，也就是今天從松原通橫跨鴨川的松原橋上。弁慶向神明誓願沒收長刀的地點「五条天神」，在鴨川西側松原通的路邊，也就是當時的五条大橋附近。

五条大橋在一九五九年（昭和三十四年）進行拓寬與重建之後，變身成爲今天這座鋼板桁橋。橋上的欄杆上裝飾著十六顆擬寶珠，形狀還是跟從前一樣。

五条大橋全景（攝影時間不詳）。
土木學會附屬土木圖書館提供

五条大橋的欄杆上面安裝擬寶珠作為裝飾（攝影時間不詳）。
土木學會附屬土木圖書館提供

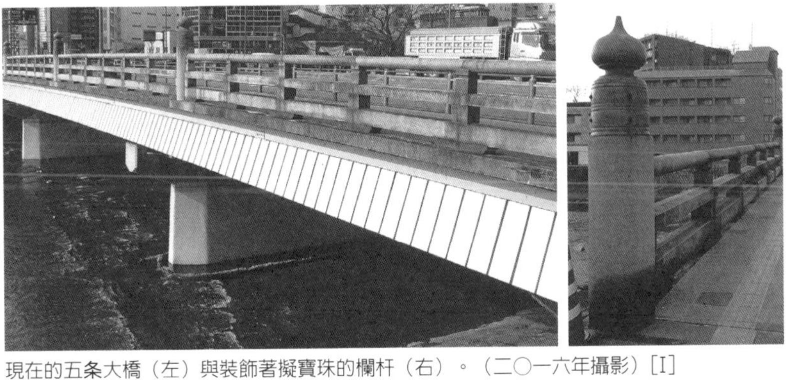

現在的五条大橋（左）與裝飾著擬寶珠的欄杆（右）。（二〇一六年攝影）[I]

江戶的橋

◎傳統的橋梁形象

說起日本傳統的橋梁形象，大家的腦中就會浮起江戶時代的浮世繪裡的木橋，也就是大家常在時代劇裡看到的木橋，微微向上拱起的橋身，下面由幾根橋墩支撐著站在河裡，橋上行人通過的部分鋪著木板，如果是規格較高的橋，橋身兩側還有欄杆，就像神社迴廊邊的欄杆一樣。欄杆支柱的頂端則安裝著蔥花狀的裝飾，名字叫做「擬寶珠」。神社的橋通常塗上朱漆，一般的木橋大多是原木色。

日本橋的原寸重現模型

東京的「江戶東京博物館」裡面有一座日本橋的原寸重現模型。真正的日本橋全長五十一公尺，這座模型展現的是日本橋的北半邊。參觀者從橋上走過時，可以親身體驗江戶時代的町人過橋的感覺。博物館的展示說明指出，

江戶日本橋的實物尺寸模型（江戶東京博物館）。這座重現的模型長度為日本橋全長五十一公尺的一半，寬度為八公尺。欄杆上的擬寶珠（左）是在十七世紀中期裝設的，後來橋體雖曾改變，但擬寶珠一直到明治初期都維持原樣。

這座模型是按照一六〇六年（慶長十一年）與一六二九年（寬永六年）的改建紀錄以及繪畫等資料製作而成。但是據我親自走過模型的感覺來看，橋拱的弧度其實並不大，跟浮世繪裡的遠觀形象頗有出入，這一點讓我很意外。不過橋身製作得十分厚實穩重，充滿了質感。除了這座模型外，館內還有一座兩國橋的模型，雖然不是原寸重現，但是做工非常精緻，參觀者能從這座模型充分體會日本傳統木橋的形象。

江戶時代的橋梁需要經常重修，就連日本橋這麼重要的橋，也常在火災中燒毀，或被洪水沖壞，另一方面，又因爲採用原木建造，所以損毀得非常迅速，現代人很難想像當時那些橋梁重建得多麼頻繁。就拿日本橋來說，最早是在一六〇三年（慶長八年）建成，一八七二年（明治五年）改建爲西洋式木橋，在這段期間裡，日本橋因火災燒毀及洪水沖壞的次數，分別各佔十次，此外，爲了避免橋身因老化而日漸腐蝕，大約每隔十年就得重新翻修一次，

天保改革之前的兩國橋。模型展現的是隅田川右岸附近的兩國橋。（江戶東京博物館）[I]

而每次進行重建時，橋身的某些部分就可能隨之改變，所以說，這座橋流傳至今，唯一不曾改變過的，只有欄杆上的擬寶珠。

◎幕府資料《堤防橋梁積方大概》

江戸時代的木橋相關資料裡有一部《堤防橋梁積方大概》，是在一八七一年（明治四年），由內務省土木寮發行的刊物，等於也是舊幕府移交給明治新政府的造橋技術相關資料。在這本刊物裡，江戸幕府建造的每座橋都有詳細說明，同時還附上構造圖與建材內容。當時的橋梁種類大約分爲：上水道「掛樋」，土橋、附欄杆的木板橋，以及刎橋。

其中數目最多的是附欄杆的木板橋，建造時先把木樁鑽進河底，然後把橋桁架上橋墩，鋪上木板，就可供行人通行了。

爲了讓木樁能夠承受橋桁的重量，橋墩的間隔距離大約是三至五公尺，如果橋身較長，就用數根並

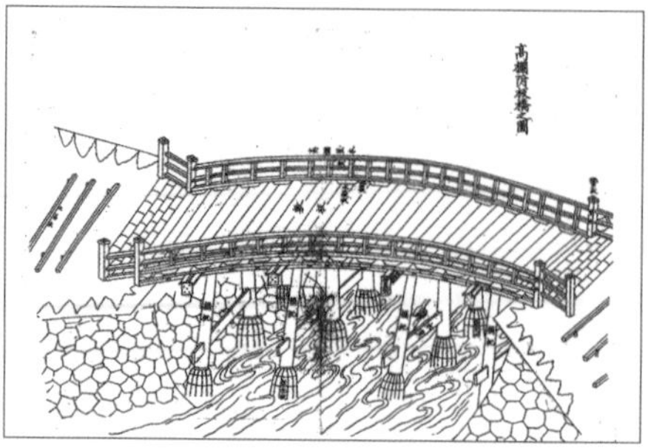

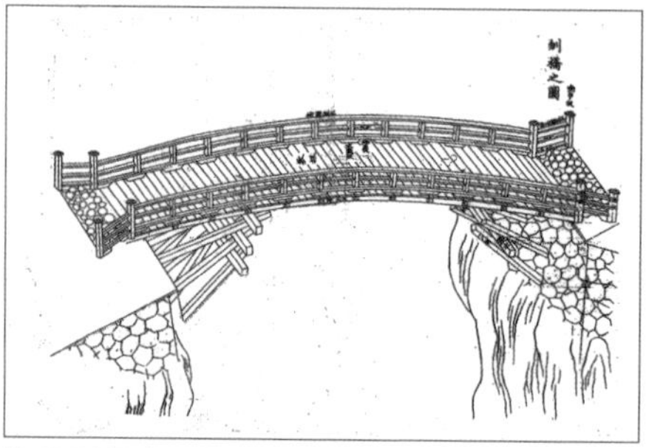

裝設了欄杆的板橋之圖（上）以及刎橋之圖（下）。《堤防橋梁積方大概》内務省土木寮出版，一八七一。

列的木椿構成橋墩。等到橋梁上部結構架上橋墩之後，再鋪上木板，並在橋面的兩側裝上欄杆，木橋就完成了。土橋的構造跟木橋一樣，只是橋面鋪的是泥土。一千多年來，這種形態的橋梁一成不變地在日本列島的各處架設，同時也是江戶時代的橋梁基本形象。

◎日本三奇橋

刎橋——越中的愛本橋、甲斐的猿橋

江戶時代的各式橋梁當中，形態較爲特殊的是：越中的愛本橋、甲斐的猿橋，以及岩國的錦帶橋，這三座橋也被稱爲「日本三奇橋」。愛本橋建於一六六二年（寬文二年），外型採用所謂的「刎橋」形式。這種橋梁的構造是把刎木一層層插入兩岸的山壁裡，上層比下層更長一點，逐漸向山谷中央延伸，然後再把橋桁架在層層刎木之上。跟橋桁架在兩側岸上的橋梁比起來，從岸邊逐漸伸向河中央的刎木，承受力能夠持續到橋桁的中央，因而適於建造更長的大橋。甲斐的猿橋大致也是相同的構造，只是愛本橋的刎木上面還搭起了類似清水寺舞台的塔樓（櫓）結構，用來支撐最上層的橋面，而這種刎木結構被稱爲「懸造」（可參考第七章）。

刎橋經常建在橋下的空間像山谷一樣空闊的地方，這種造橋方式已有非常悠久的歷史，據說最早起源於尼泊爾和西藏等山岳地帶，而且至今仍廣爲採用。

一八八九～一八九〇年前後的越中愛本橋。富山縣提供

愛本橋模型（金澤工業大學）。斜插在兩岸的刎木層層交疊，每一層都比下層更長一點，組成類似清水寺舞台的塔樓結構，用來支撐最上層的橋面，這種建築形式叫做「懸造」。[I]

甲斐的猿橋。現在的猿橋重建於一九八三年（昭和五十八年）。四層刎木斜插在兩岸山壁裡，橋桁架設在刎木之上。（二〇一六年攝影）[I]

木造拱橋——錦帶橋

三奇橋當中的岩國錦帶橋，是國內比較少見的木造拱橋。這座橋的全長大約一百四十多公尺，中央一連三個橋拱，拱圈的跨徑爲三十五・一公尺，兩端各自連接一座長達三十四・八公尺的木造桁橋，全體共有五個橋拱。拱圈位於跨徑中央，矢高*約爲二・五公尺。錦帶橋建於一六七三年（延寶元年），當時長崎最早的石造拱橋才剛建成不久，之後，錦帶橋曾經數度重建，距今最近一次的重建工程是在二〇〇三年（平成十五年）進行的。

用語解說——矢高：橋拱的拱頂至拱腳連結線之間的距離，用來表示拱頂的高度（拱圈的大小）。

平成時代進行重建後的錦帶橋。中央一連三個橋拱，加上兩端的桁橋，全部共五個橋拱，全長一百四十多公尺。（二〇〇三年攝影）[I]

錦帶橋跟長崎的石造拱橋群一樣，都是日本在十七世紀後期受到中國的影響而興建。從外觀看來，錦帶橋雖然呈現拱橋形狀，但仔細觀察就能發現，橋拱兩端用石塊堆起的橋墩上打進了很多桁木，這些層層堆疊的桁木彼此相連，漸次伸向橋中央。也就是說，橋拱是由斜插在兩端橋墩上的桁木相連而成。但是像日光二荒山的神橋，則是把橋墩樹立在岸邊的桁橋，而層層桁木卻跟刎橋一樣，打在位於兩岸的橋墩裡。

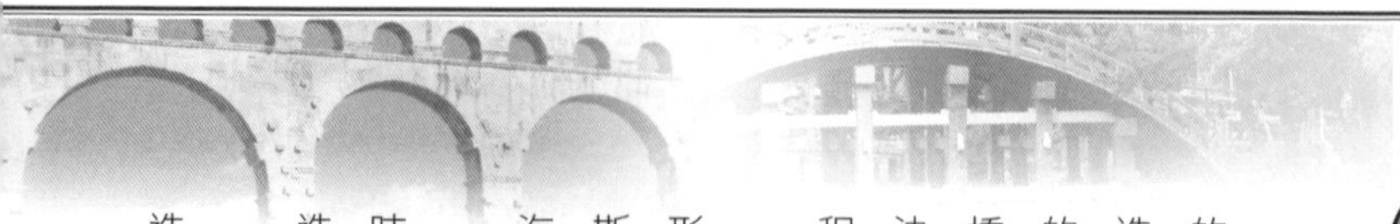

【橋梁趣聞】世界遺產的刎橋「福斯鐵路橋」

英國有一座橋，也跟越中的愛本橋和甲斐的猿橋一樣，利用所謂的「刎橋」結構原理建造的。這座橋就是十九世紀末，建造在蘇格蘭的福斯鐵路橋。根據建造業雜誌的記載，這座橋在興建之前曾經公開甄選橋梁的形式，最後決定採用來自東洋的懸臂橋（刎橋）。建橋工程完成於一八八九年。

不列顛島的河流在入海處突然變得很寬，形成廣闊的河灣地形。位於愛丁堡北郊的福斯橋當時就是為了讓海岸線鐵路能夠橫跨入海處的河灣而建，這座橋非常巨大，總長度一千六百零九公尺。十九世紀末開始動工興建時，整座橋體採用當時剛開始普及的鋼板建造，所以這座橋也是全世界最早建成的鋼橋。

為了應對河灣地形，福斯鐵路橋的橋墩打造成堅固的塔形，許多桁臂從塔形橋墩向外伸

福斯鐵路橋的真人模型（一八八〇年代中）。坐在中央的人就是日本工程師渡邊嘉一。

圖片來源：W. Westhofen. *The Forth Bridge*, Office of “Engineering”, 1890.

出，彼此緊緊相接，構成橋梁的桁架。正式施工之前，為了向大眾解說這座懸臂橋的構造，主辦單位還以真人模型的方式舉辦了說明會。也許是為了讓大眾聯想懸臂橋的構想來自東洋，模型中央特別安排日本工程師渡邊嘉一坐在那裡，扮演重物的角色。

日本從明治初期起，陸續派遣工科學生到西洋留學。福斯鐵路橋進行建設的一八八〇年代，渡邊嘉一剛好在格拉斯哥大學留學，同時也在建築工地接受過實地訓練。渡邊嘉一回國後，曾在石川島造船廠和其他許多鐵路相關企

蘇格蘭銀行發行的二十英鎊紙幣。上面印著福斯鐵路橋全景與真人模型。

業擔任過社長。

福斯鐵路橋也是蘇格蘭的象徵性地標，蘇格蘭銀行發行的二十英鎊鈔票上就印著福斯橋的全景圖片，以及當初在說明會裡展示的真人模型照片。

福斯鐵路橋深受世人讚譽，被稱為具有傑出普世價值的土木工程遺產，並於二〇一五年登錄為世界遺產。

晚年的渡邊嘉一
（一八五八～一九三二）

建設中的福斯鐵路橋。渡邊嘉一在英國留學時的建設狀況。R. Paxton 提供

原生種與外來種

2

日本橋。現在的石造拱橋是明治時代以後建造的第二代。[I]

日本橋梁自古都以木橋為多，建築材料也以木材為主，其中有一種反橋，也就是大家經常在神社或日本庭園裡看到的那種弧度極大，採用梁柱構造支撐的橋，這種所謂的「太鼓橋」，就是日本獨有的原生種橋梁。

而相對的，日本的石造拱橋就該算是外來種橋梁，是在江戶初期以後，才由歸化日本的中國移民開始在長崎建造。石造拱橋最早起源於美索不達米亞，之後傳播到歐洲、中國，前後已有一千五百年以上的歷史，但在這段時間裡，日本卻一座石造拱橋也沒有。後來從長崎傳進日本後，石造拱橋很快就在九州各地普及。到了明治時期，歐洲的石造拱橋的建造工法傳入日本，石造拱橋也成為先進技術，在九州以外的全國各地興建。

日本的橋梁跟其他文物一樣，自古先從海外選擇性地引進相關知識，然後漸進完成發展。石造拱橋跟遍及各地的木造橋比起來，日本人覺得除了橋基和石牆之外，其他部分都很陌生，而日本人對石造拱橋抱持的態度，也是日本的非石造．木造文化的特徵之一。

在這一章裡，我們將從反橋的由來與構造進行探索，然後再向各位介紹古羅馬石造拱橋的發展經過，以及日本人接受石造拱橋的過程。

反橋

◎何謂反橋？

在傳統的橋梁中，有一種高高拱起呈圓弧狀的橋，這種橋被稱爲「反橋」或「太鼓橋」，也是神社裡最常見的橋，通常在橋上附有塗了紅漆的欄杆，欄杆上還有擬寶珠作爲裝飾。但是這種橋雖然呈現圓拱狀，卻不算力學上的拱形，只是一種桁橋，而用以支撐圓弧狀橋桁的橋墩，則建成梁與柱共同組成的塔樓結構，其中包括能從水平方向施力的桁部件。有些規模較小的反橋則把橋墩建成柱狀。大多數反橋都是木造，除了構成橋面的橋板、橋桁之外，還有支撐橋桁的支柱、桁部件等，全都採用木材，也有些反橋的欄杆、橋面，以及橋柱採用石材，或是將橋桁和梁柱構造改用鋼筋水泥。

反橋呈現的圓拱弧度過於陡峻，比較不適合一般人在日常生活當中使用，通常只有神社或日本庭園才會架設反橋。而且拱狀橋桁與支撐橋桁的懸造橋墩所組成的反橋，在世界其他地方都難得一見，可算是日本固有的原生種橋梁。

◎巖島神社的反橋

巖島神社的反橋。橋桁上面附設欄杆，並有擬寶珠作為裝飾，支撐橋桁的橋墩由塗上黑漆的梁柱結構組成。橋墩部分的桁構件也呈圓弧狀。[I]

巖島神社位於廣島縣安藝的宮島，境內因有神社建築群而著名。在爲數眾多的建築當中，除了跟周圍環境融爲一體的大鳥居之外，還有正殿、迴廊、能舞台，以及從陸地通往正殿迴廊必須經過的反橋等，都是建築群的重要構成元素。

每當神社舉行鎮座祭等重大祭典時，天皇派來的敕使都經由這座反橋走向迴廊，然後進入正殿，這座反橋也根據它的任務而稱爲「敕使橋」。但因爲圓拱的弧度實在太陡，人在橋上行走，很容易滑倒，所以每次使用反橋之前，必須先在橋面安裝階梯狀的梯板。這座橋的橋桁的全長二十六・七公尺，寬四・三公尺，橋上裝設欄杆，上面還有擬寶珠作爲裝飾，圓弧狀橋桁下面則靠木造的梁柱結構作爲支撐。橋上的欄杆塗成紅色，其他如橋桁、橋墩等部分塗成黑色。

巖島神社據說是在六世紀末，由推古天皇命令地方豪族佐伯鞍職創建的。後來到了十二世紀中期，平安時代的武將平清盛被任命爲安藝國的地方長官安藝守，他根據平安貴族的住宅樣式，也就是所謂「寢殿造」的形式，修建了神社的正殿。儘管在十三世紀之後，神社經常發生火災，但到了十四世紀的時候，巖島神社已大致建成現在我們看到的模樣。

今天的巖島神社是戰國武將毛利元就在一五五七年（弘治三年）重新修建的。毛利在巖島神社之戰打敗大內氏之後，變成了宮島的掌權者，反橋也在那時重建。

巖島神社的正殿、迴廊等大部分建築現在已被指定為國寶或重要文化財，而反橋卻跟能舞台視為一體，被指定為重要文化財。另一方面，巖島神社現在也已被指定為世界遺產，指定範圍包括神社建築群、神社前方的海面，及神社背後的原始林。

◎住吉大社的反橋

住吉大社的歷史最遠可追溯到三世紀的神功皇

住吉大社的反橋側面。橋桁的形狀就像從圓弧上切下一部分。[I]

后時期，這裡也是全國兩千多間住吉神社的總本宮。我們搭乘大阪南部的路面電車阪堺線，在住吉鳥居前車站下車後，穿過鳥居，就能看到橫跨在水池上方的反橋正面，從這個位置過橋，就能直達正殿。這座橋也是太鼓橋，全長約二十公尺，寬五・八公尺，橋拱中央部分的矢高有四・四公尺，橋桁的弧度小於半圓。橋桁雖是木製，用來支撐橋桁的塔樓結構式橋墩支柱卻是石造。當初製作時，先在木造的桁部件上面鑽出榫眼*，再將貫穿橋長與橋寬的桁部件用楔子加以固定。橋上的欄杆塗上紅漆，橋墩的桁部件則以貝殼做成的顏料「胡粉」塗成白色。

這座橋始建於十六世紀末，當時是爲了獻給豐臣秀吉寵幸的側室淀殿而建，今天已成爲通往正殿的主要道路，前來參拜的群眾都要經過這座反橋進入神社。十九世紀初建造的正殿共有四棟，全都是神社特有的住吉造式建築，現已被指定爲國寶。反橋比這幾座建築更老舊，已進行過數次重建。由於橋身的弧度過於險陡，現在雖然開放大眾自由通行，實際情況卻像川端康成的小說《反橋》

住吉大社的反橋的正面。從橋面走向對面，立刻到達正殿。[I]

住吉大社的反橋由塔樓結構的橋墩支撐。支撐橋桁的橫梁，以及支撐橫梁的橋墩，全都採用石材。先在木造的桁部件上鑽出榫眼，然後將貫穿橋長與橋寬的桁部件用楔子加以固定。整座橋梁以木石混合建成。[I]

裡形容的那樣：「下橋比上橋更恐怖。」這段文字現在也刻在院內的一塊石碑上。也因爲這個理由，目前在反橋靠近正殿的半邊，另外搭建了一段斜面狀臨時步道。

◎龜戸天神的反橋

東京下町的龜戸天神據說是在十七世紀中葉以後創建的。最初因爲太宰府天滿宮的神官送來天神像，在這裡接受奉祀，所以才有了龜戸天神。而那位送來天神像的神官，正是「學問之神」菅原道真的子孫。當時因爲江戸城剛遭到明曆火災摧殘，全城處於百業待興的時期，隅田川東側正在架設兩國橋與永代橋，江戸幕府爲了協助百姓進行重建，特地在龜戸撥出一塊土地，爲當地的鎮守神建設神社。一六六二年（寬文二年）龜戸天神仿照太宰府的天滿宮建成一座神社，除了幾處殿宇之外，還挖鑿水池，在池上建了一座反橋。

戰前（攝影時期不詳）的龜戸天神的反橋。土木學會附屬土木圖書館提供

現在的龜戸天神的反橋。（二〇一六年攝影）[I]

用語解說—榫眼：一種接合木料的方式，先在木料上挖個洞，叫做榫眼，再把另一塊木料上的突出部分（叫做榫頭）插入，藉以固定兩塊木料的結合處。

江戶年間到明治時期的反橋，跟其他的反橋一樣，都是用橋墩作支柱。關於這一點，我們從歌川廣重的浮世繪或是戰前的風景明信片可以得到印證。反橋的兩座橋墩分別安排在距離中央較遠的位置。今天的龜戶天神共有大小兩座反橋，兩座橋都沒有橋墩，只有一道圓拱狀橋桁作爲跨徑，橫跨水池的兩岸。而圓弧形的橋拱原就具備了限制支點發生水平移動的功能。

反橋的原型本來是以架在中國各地河上的拱橋爲範本，但龜戶天神的反橋現在卻撤掉了橋墩，變成令人惋惜的形狀，失去了日本特有的風味。如果反橋的定義是「以橋身中央的橋墩作爲支撐的太鼓橋」，那麼現在龜戶天神庭園裡那座太鼓橋就不能算是反橋。

另一方面，龜戶天神的反橋是以九州太宰府天滿宮的反橋爲藍本，而天滿宮這座橋是以石造橋墩支撐木造橋桁的反橋，橋上附設了欄杆。

鶴岡八幡宮的反橋，橋身架設在源平池的池面之上。平時禁止使用，一般參拜者只能利用兩邊的平橋渡過池面。[I]

鶴岡八幡宮的反橋。模仿懸造結構的鋼筋水泥梁柱，上面覆蓋石造橋面，兩邊附設欄杆。[I]

◎鶴岡八幡宮的反橋

鶴岡八幡宮位於鎌倉市，參拜的群眾經由第二鳥居通往第三鳥居的「段葛」參道，穿過第三鳥居之後，就算進入包含源平池在內的鶴岡八幡宮境內了。反橋的位置就在第三鳥居的前方。一一八二年（壽永元年），源平池跟池中的木造反橋同時建成。但是後來發生了關東大地震，反橋跟第三鳥居又同時震毀，現在的反橋是在地震後重新架設的震災復興之橋。當年那座反橋還是木橋的時候，因橋身塗成紅色而被稱爲「赤橋」。直到今天，大家仍然沿用這個名稱。不過現在這座橋的橋桁、橋墩已經全部改用鋼筋水泥，橋桁上鋪設石板，橋上附設的欄杆也是石造，欄杆上還有擬寶珠作爲裝飾。這座反橋從前曾經開放給遊客使用，現在卻因爲橋面的石板已被磨平，行人容易滑倒，而被禁止使用，另一方面，反橋的兩側現已架設了兩座平橋供遊客使用。

◎淨土庭園的反橋

所謂的「淨土庭園」，是指受到佛教淨土思想影響而建的庭園。淨土思想來自阿彌陀佛的教義：眾生在往生之後都將前往極樂淨土。淨土庭園則企圖在現世表現這片極樂世界。日本的淨土庭園從平安時代以後才開始出現，其特徵爲：園池的位置安排在金堂或佛堂等寺院建築物的前方，這類的庭園裡面不僅有反橋，同時也架設平橋。

平等院鳳凰堂的反橋。將北翼廊與中洲連結起來。弧度較小的拱橋，橋桁以橫梁兩端的橋墩作為支撐。[I]

架設在平等院北翼廊與中洲之間的反橋與平橋。[I]

平等院

平等院位於京都宇治，是日本最有名的淨土式庭園，現在已被指定爲世界遺產。宇治的位置在京都南部，平安時代的貴族與官宦氏族都喜歡在這裡建造別墅，平等院原本也是平安時代的公卿藤原道長家的別墅，後來由他的兒子攝政關白藤原賴通在一〇五二年（永承七年），將別墅改成寺院，之後才逐漸改建爲平等院。院裡的「鳳凰堂」亦即是阿彌陀佛堂，建於一〇五三年（天喜元年）。平等院裡的大部分建築都在後來南北朝的戰亂中焚毀了，只有這座鳳凰堂殘存下來。

鳳凰堂坐西向東，北翼廊位於鳳凰堂的右側，研究人員曾對水池遺跡進行挖掘，並對創建當時的狀況有所了解。現在從北翼廊通往阿字池之間搭建的反橋與平橋，也是根據調查資料重建的。根據調查結果確認，現在水池裡的中洲，當年曾是海濱的沙洲，中洲兩側分別建造了規模較小的平橋與反橋，將鳳凰堂北翼廊與水池北岸連結起來。反橋的橋桁弧度較小，橋面下方共分三個支點，每個支點都在橫梁兩端各豎一根橋墩作爲支撐。至於反橋弧度較小的理由，應是爲了便於遊人前往鳳凰堂參觀。反橋上附設欄杆，橋面和橋墩全都是木造。

稱名寺

另一座淨土庭園的反橋，在橫濱的稱名寺。今天的稱名寺庭園，包括反橋在內，全都是參考遺跡挖掘調查結果，以及稱名寺繪圖等資料重新復建的。稱名寺繪圖現已被指定爲重要文化財產。阿字池的位置在北邊的金堂與南邊的仁王門連成的中軸線的正中央，池中的中島兩側分別架設長十八公尺的反橋與長十七公尺的平橋。

稱名寺最早是由北条實時在十三世紀中葉創建。實

稱名寺的反橋與平橋。橋墩分別由橫梁、橫杆以及兩根木柱作為支撐。[I]

時跟鎌倉幕府掌權者北条氏是同族，最初爲了紀念他過世的母親，而在鎌倉東面的六浦莊建了一座誦經堂。六浦莊跟鎌倉之間隔著朝比奈關，原本是武家建設隱居別墅的地方。實時不僅在這裡建了稱名寺，還在同一地點創建一間屬於武家的圖書館「金澤文庫」。這座圖書館現已改名爲「中世歷史博物館神奈川縣立金澤文庫」。

稱名寺的反橋是在十四世紀初期建設的，當時距離稱名寺完工已超過五十年以上，鎌倉幕府已正走向滅亡。由於淨土思想的影響，水池的位置安排在佛堂之前，跟佛堂融爲一體，也爲這座淨土庭院營造出莊嚴的氣氛。

反橋的紅漆欄杆上裝飾著擬寶珠，橋桁下方安裝三座橋墩，各自以橫梁、橫杆以及兩根木柱作爲支撐。

◎日光神橋

日光神橋架設在日光二荒山神社前方的大谷川上。儘管有人把這座橋稱爲反橋，但它跟其他神社的反橋不太一樣，因爲它的橋拱弧度並不大，似乎不能稱之爲太鼓橋。橋桁塗著黑漆，兩端被埋進兩岸的地下，藉此固定橋身，從力學的角度來看，這座橋跟猿橋或錦帶橋一樣，是把橋桁架在兩岸斜出的橋桁之上，所以應該歸類爲懸臂橋*。石造的橋墩配置在靠近兩岸的位置，橋墩由石造橫梁與兩根石柱組成，石柱之間貫穿了上下兩道橫杆。

戰前的日光二荒山神橋。土木學會附屬土木圖書館提供

現在的神橋。外型跟所謂的反橋並不相似，而被歸類為懸臂橋。橋桁下方共有兩座橋墩，都是石造，各有兩段橫杆。（二〇一六年攝影）［I］

◎反橋考——「反橋」是如何誕生的？

日本的神社、庭園等地至今仍然繼續建造反橋，這種形式的橋梁究竟是如何誕生的？下面就讓我們觀察一下各地的反橋與傳統橋梁，然後思考反橋究竟是如何誕生的。

日本自古就從海外引進了許多文物，只是日本並非一成不變地全盤照收，很多文物引進日本之後，都曾部分更動，從而產生跟原物的本質完全不同的成果。譬如像反橋，就是上述這種推論的橋梁版。所以我們也可據此推測，反橋的相關知識雖是從中國傳入，但日本後來又自行變更了反橋的結構，創造出日本獨有的原生種橋梁。

用語解說——懸臂橋：擁有外伸梁（懸臂梁）的橋，亦即刎橋。

譬如《日本書紀》裡面就有關於中國傳入橋梁的記述。西元六一二年（推古天皇二十年），來自百濟的移民在御所建造了一座吳風的橋（請參照第一章）。這座所謂的「吳風」橋，究竟是什麼樣子，至今仍是個謎，但據推測，這種吳風的橋，應該是以中國隨處可見的拱橋爲範本，經過外觀重現之後慢慢演變爲反橋。換句話說，這種「仿拱橋」大概就是反橋吧。

反橋可按照架橋的目的來區分，譬如橫跨河上的反橋，爲了讓船隻能從橋下通過，橋下就不能建造橋墩；若是不考慮實用性，而只打算實現橋拱的圓弧狀，把橋身當作欣賞的對象，就可能在橋下建造梁柱，藉以維持橋桁的圓弧狀；若是只爲祭祀而建的反橋，就算橋拱的弧度較陡也不成問題。

小石川後樂園的通天橋雖然不是神社的橋，而只是架設在山谷之間的反橋，但是爲了保持橋拱的圓弧狀，所以在山谷間搭起塔樓結構來支撐橋桁，這種塔樓結構叫做「懸造」，是以垂直木柱與橫杆交錯構成的。通天橋的圓弧橋拱可說是橋的主角，塔樓結構則是實現橋拱的配角。

從近代造橋技術的觀點來看，橋桁能否盡量拉長跨徑卻不需依賴任何支撐，也是判斷技術優劣的指標。換句話說，造橋技術的優劣則取決於橋桁不但能夠跨越障礙物，同時又能在橋下保留最大的空間。若從這個角度來看，反橋實在是非常奇特的設計。因爲桁下的空間幾乎架滿了撐材*，就像架設橋桁或橋拱時臨時搭建的木材桁構，但它的撐材卻不是臨時性的結構。

有些反橋爲了確保桁下的空間，而不搭建任何支撐物，這種異於一般橋梁的造法，目的應該就是爲了呈現圓弧狀橋拱。

如果大家繞到豎立的招牌或舞台的背景畫後面就會發現，爲了讓這些道具保持直立，背後都搭建了許許多多的支撐材料。有些反橋的梁柱就相當於這些撐材。反橋的橋桁下方若是搭了塔樓狀支撐結構，這些木材支柱跟橋桁同時呈現在大家的眼前，如果大家有意識地把圓弧狀橋桁看成主體，就不會在意那些支撐結構，就像我們不會在意歌舞伎或文樂的舞台上出現「黑子」一樣。事實上，橋上的欄杆與橋桁通常都塗成紅色，而橋下的橋桁與支撐結構都塗成黑色。

前面提到「吳風」的橋，這裡的「吳」，是指三世紀左右，也就是中國三國時代的王國。吳國的領土位於長江流域，首都在現在中國南

用語解說——撐材：進行橋梁架設工程時，為了暫時支撐建材而豎起的支柱。

小石川後樂園的反橋「通天橋」。圓弧狀橋桁建造在山谷之間，下面則以塔樓結構作為支撐。[I]

方的南京附近。由於地處長江下游平原，河道適於舟船往來。這裡的河上架設了許多石造拱橋，主要目的是爲了保證船隻能從橋桁下面通過。請大家試想一下，一座座圓弧狀拱橋高聳在河川之上，周圍全是平坦的地形，在圓弧形拱橋的陪襯下，真是完全不同於日本的風景啊。據說當時有很多朝鮮半島的百濟人到日本來做生意，他們熟悉中國民情，並把圓弧狀拱橋傳入日本。這批來自百濟的歸化人後來被稱爲「路子工」。

另一方面，利用塔樓結構支撐橋桁，也是呈現圓弧狀橋拱的方式。據日本建築家太田邦夫表示，這種利用梁柱、橫桁、橫杆等水平建材貫穿搭建的輕捷型架構，又叫「跨壁結構」，據說是中國南方傳來的建築樣式。奈良東大寺的南大門就是這種建築的典型，由於這種名爲「懸造」的技法，即使在傾斜的地面也能發揮作用，因此才能發展爲京都清水寺的舞台那樣獨具東亞特色的建築架構。

總之，所謂的反橋，大致是將前述兩種來自中國南方的造橋技法（石造與跨壁結構）混合活用後產生的結果，首先是放棄橋梁必須確保桁下空間的目的，並且利用「跨壁結構」支撐圓弧狀橋拱，因而產生了日本特有的橋梁形式。

京都清水寺正殿（舞台）的懸造，是東亞特有跨壁結構。[I]

石造拱橋

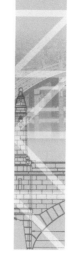

◎石造拱橋是外來種

石造拱橋是一種代表性橋梁形象，它的起源很早，至今已有近三千年的歷史。但日本開始建造石造拱橋到現在，還不滿四百年，所以對日本來說，石造拱橋算是外來種橋梁。石造拱橋傳來之前，日本從沒出現過此類橋梁。這種歷史差距跟石造建築一樣，都對日本的非石造文化的形成產生了重大的影響，同時也影響到日本人對基礎建設使用期限的認知。

自古以來，新文物與新知識都是經由海路，自西傳入極東的國度日本。漢字隨著佛教一起傳來日本列島，日本派出的遣隋使、遣唐使，從大陸帶回大量知識與技術。其中也包括石造拱橋的技術，在各種類型的橋梁中，石造拱橋的歷史最爲悠久，這種造橋技術當初是如何傳進日本列島來的呢？

◎石造拱橋的起源

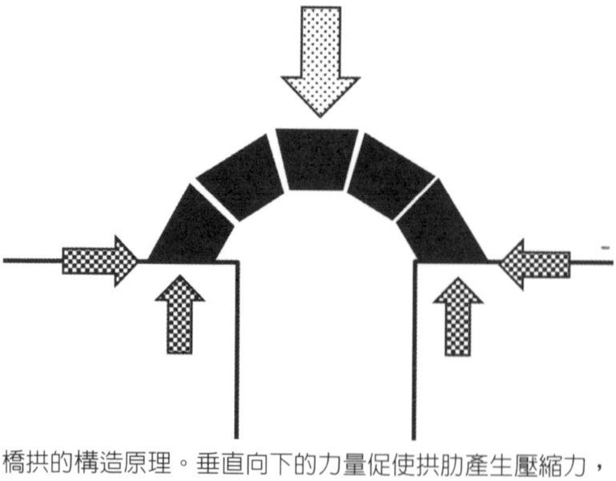

橋拱的構造原理。垂直向下的力量促使拱肋產生壓縮力，並以垂直方向，水平方向分別經由兩個支點傳向地面。

石造拱橋的建材厚實，建造方式牢固又持久，是耐久性極高的橋梁形式。歐洲和中國自古就已建造了許多石造拱橋，有些已有千年以上的歷史，而且至今仍在使用。

石造拱橋的堅固程度取決於橋梁的構造。橋拱向下的作用力先轉爲壓縮拱肋*的力量，然後再向下傳至地面。構成拱肋的石材都是能夠對抗壓縮力的堅固材質，並且能藉著本身的重量互相緊扣，保持穩定。正因爲這種構造的特性，石造拱橋才能發揮其他橋梁所沒有的耐久性，同時也是古羅馬或中國古代石造拱橋能夠保留至今的理由。

石造拱橋的另一項特徵是：因爲是採用相同尺寸的紅磚或石片組裝構成，所以能像樂高積木一樣，可以組合成任何尺寸或形狀的建築物。據說在古羅馬之前一千多年的美索不達米亞，宮殿、寺院、階梯金字塔形神殿、城牆等建築物都是採用泥磚建造。

這種重複使用相同零件組成大型建築的創意，日本除了屋瓦之外，從來不曾出現在其他結構部件方面。在目前殘存的實物紀錄當中，我們能夠確認的，只有在城牆開口處那些使用紅磚漸次堆成的支撐結構，也就是所謂的「擬似拱門」。這種被視爲拱門原型的建築，從前在古希臘的

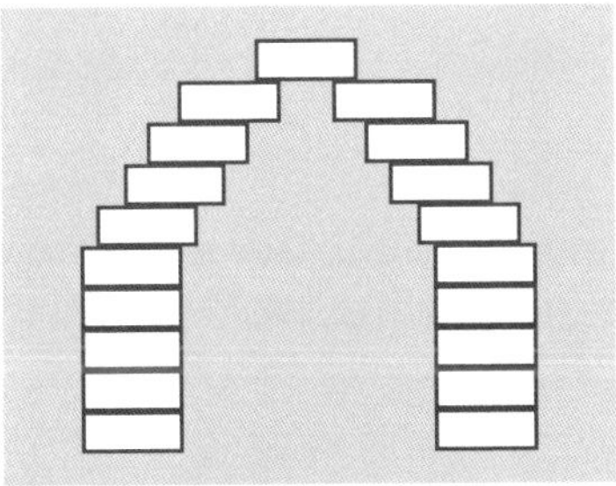

擬似拱門（西元前一八〇〇年左右）。伯羅奔尼撒半島邁錫尼遺跡的蜂巢墓，每塊紅磚比下層紅磚的位置稍微錯開一些，漸次堆砌成拱門。

用語解說——拱肋：構成圓弧狀拱橋的部件，即「拱圈」。

大英博物館內展示的亞述王宮壁面裝飾（部分壁面，八世紀左右）。[I]

邁錫尼蜂巢墓也曾出現過。

最早發現的拱門是在亞述王宮內牆上的浮雕（八世紀左右），這片浮雕於十九世紀中葉被發現，目前收藏在大英博物館。浮雕畫裡描繪著亞述王提格拉特帕拉沙爾三世帶兵進攻敘利亞鄉鎮的情景。軍隊的兩邊畫著圓拱形窗戶與門洞。

建造拱門的技術最早誕生於美索不達米亞，之後向西傳播，古羅馬就曾大規模地興建拱門，另一方面，中國也自行研發完成拱門的建造技術。中國最早的拱門據說是前漢末期（紀元前一至二世紀）當時中國已能建造紅磚拱門與筒狀拱門。中國現存最古老的石造拱橋，則是在六〇五年左右建成的安濟橋（趙州橋），全長五〇・八公尺。從建設完成後約有七百多年的時間，是石造拱橋當中規模最大的一座。

◎古羅馬的石造拱橋

後來到了古羅馬時代，羅馬帝國開始在重要道路與渠道上廣泛興建石造拱橋。古羅馬人在當時建設的道路總長超過八萬公里，橋梁多達三千座。最具代表性的上水道石造拱橋，是紀元前十九年興建在法國南部的加爾橋。橋拱的跨徑爲二十四・五公尺，由於加爾東河與南岸低地之間地面的高度相差四十八・八公尺，上水道必須以固定的坡度從橋上通過，所以這座拱橋建成了三層式建築。

古羅馬人並在他們的生活根據地羅馬的台伯河上建造了十幾座石造拱橋。其中一座建於紀元前一七八年，是由相連的四個石造橋拱組成，拱側*的表面還有浮雕裝飾。

這座橋完工後命名爲「埃米利烏斯橋」，後來雖曾數次改名，但在之後的一千八百年之間，這座橋始終擔負起連結台伯河兩岸的運輸任務。十六世紀末，四個相連橋拱中的三個相繼崩塌，最後只剩下靠近邊緣的一個橋拱。這段殘留的橋拱至今仍未拆除，現已成爲歷史遺跡，並改名爲「斷橋」。

古羅馬人建造的十幾座石造拱橋裡，有一座至今

用語解說——拱側：圓拱側面牆上，介於拱圈與水平路面之間的部分。

加爾水道橋（法國，全長兩百七十五公尺，紀元前十九年建設）。最上層有三十五個跨徑，第二層十一個，第三層六個，越上層的跨徑長度越小，藉此減輕本身重量。[I]

仍在使用的法布里奇奧橋。這座橋建於紀元前六十二年，由於橋墩的拱側上鑿了圓洞，這種措施不僅減輕橋梁本身的重量，也在洪水氾濫時減少水壓帶來的衝擊力。

羅馬人建造的石造拱橋幾乎全都是半圓形橋拱，拱圈利用楔形拱石拼接而成，石材的形狀經過整修，使連接處的延長線能從圓拱的圓心穿過。

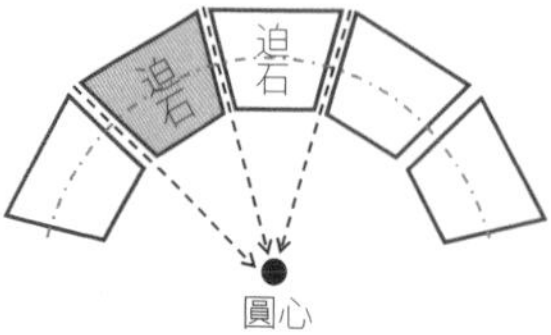

組成半圓拱頂的石材（楔形拱石），兩塊石材間的連接線經過整修，變成直接通過圓心。

斷橋（羅馬，台伯河，紀元前一七八年建設）原本是四個橋拱相連的石造拱橋，一五九八年，其中三個橋拱崩塌後，只剩下一端的橋拱。之後一直保留原樣，並被指定為歷史遺跡。[I]

法布里奇奧橋（紀元前六二年建造），半圓形橋拱，橋墩的拱側上鑿了圓洞，這座橋雖然是紀元前建造的，至今仍能提供人們日常使用。（一九九五年攝影）[I]

◎中世紀歐洲的石造拱橋

古羅馬文明是以基礎建設爲主的高度技術文明。在橋梁史方面，古羅馬同樣也擁有非凡成就，直到五世紀末羅馬帝國崩解後，世界上仍有很長一段時間，沒有任何國家能夠超越古羅馬帝國在橋梁建設方面的成就。

羅馬帝國衰退、崩解後直到十一世紀，在這段稱爲「黑暗時代」的時期裡，歐洲各地興建了很多參雜新知的橋梁。致力推行這類橋梁建設的，則是相當於某種宗教團體的橋梁建設集團（Brotherhood of Bridge builders，橋梁建設同胞會）。他們最初架設的橋梁，並非承傳古羅馬的造橋技術，而只是在石造橋墩或木樁的上面，搭上簡單的木製橋桁而已。

到了十二世紀之後，各地再度大舉展開橋梁建設工程，這些橋梁的技術水準不僅能跟古

聖貝內澤橋（法國亞維儂，一一八五年）完成時的橋長為九百公尺，共有連續的二十二個橋拱。橋拱採用部分圓形，代表法國建造拱橋的技術已踏出超越古羅馬帝國的第一步。（二〇〇二年攝影）[I]

羅馬匹敵，有些甚至更爲先進。譬如今天仍然保留在法國南部亞維儂的聖貝內澤橋，就是其中之一。

亞維儂位於法國南部普羅旺斯地方的隆河岸邊，自古就是交通要衝。聖貝內澤橋位於隆河通往亞維儂市街的位置，一一七七年開始動工，一一八五年完工。有一則跟這座橋有關的傳說，至今仍爲人們傳誦。據說最初有天使向牧童聖貝內澤發出指示，命令他在這條河上建一座連結兩岸的橋梁。

聖貝內澤橋跟古羅馬石造拱橋之間最大的差異是，橋拱並非半圓拱，而是矢高較低，彎度比較平緩的弧形，看起來很像部分圓形（平圓拱）。這種新式造橋技術之所以超越古羅馬帝國，因爲跨徑比從前拉得更長，圓拱的弧度也更加平緩。而聖貝內澤橋就是這種技術的最佳代表。

亞維儂從古代就經常發生戰亂，十四世紀羅馬教廷從羅馬搬遷到此，之後，爲了抵禦外敵入侵，教廷主動破壞了亞維儂市街的建設。當時受損的市街建築後來雖然重新整修，但聖貝內澤橋卻在一六八〇年變成了廢橋。現存的橋身只剩下隆河左岸靠近亞維儂的四個連續橋拱。從岸邊數起的第二座橋墩上有一座小教堂，是爲了奉祀傳說中的建橋者聖貝內澤而建。

◎日本石造拱橋的開端

日本最早建成的石造拱橋，是在一六三四年（寬永十一年）建於長崎中島川上眼鏡橋。在慣用木材與紙張的日本國內，石造拱橋的數目極少，而且大部分都集中在九州。

一八三九年（天保十年），諫早的本明川上興建了兩個橋拱連成一體的諫早眼鏡橋，這座橋跟長崎的眼鏡橋是相同形式的石造拱橋。一九五七年（昭和三十二年）諫早發生豪雨災害，橋身經過解體處理後，搬遷到四百公尺外的上游公園。當時被水沖走部分橋身的眼鏡橋和桃溪橋，後來都曾進行重建、維護。

繼眼鏡橋之後，長崎的中島川上還重建了其他石造拱橋，其中絕大部分都已使用了三百年以上。一九八二年（昭和五十七年）長崎發生了大水災，許多拱橋也因此遭到洪水沖毀。

長崎的眼鏡橋是日本最早的石造拱橋，於一六三四年（寬永十一年）建在長崎的中島川。[I]

諫早眼鏡橋。一九五七年（昭和三十二年）的諫早發生豪雨成災之後，被搬遷到上游四百公尺之外的公園裡。[I]

桃溪橋。這座石造拱橋於一六七九年（延寶七年）建在長崎的中島川。後來在長崎大水災的時候，橋體嚴重受損，但隨後又進行了修復。[I]

日本的石造拱橋最早建於長崎，之後隨著時代變遷，從江戶末期到明治時期，熊本、鹿兒島等地也開始建造石造拱橋。現在則以大分縣保留的石造拱橋數目最多，不過大分縣投入建設的起步也較其他縣市更晚，大約是經歷了明治晚期，大正時代之後，直到昭和時代才開始的。

熊本、鹿兒島、大分的石造拱橋建造技術，承襲自長崎眼鏡橋的造法。到了明治時代以後，九州以外地區的眾多橋梁，譬如：神戶的砂子橋、京都南禪寺的水路閣、群馬的碓冰峠眼鏡橋（碓冰第三橋梁）、東京的日本橋等，

南禪寺的水路閣（已登錄的文化財）。這座紅磚堆砌而成的拱橋，也是琵琶湖疏洪道的一部分，一八九〇年（明治二十三年）建於南禪寺境內。（二〇〇五年攝影）[I]

碓冰峠眼鏡橋（碓冰第三橋梁）。這座紅磚拱橋共有四個橋拱，一八九三年（明治二十六年）竣工。橋上有齒軌鐵道（陡坡專用的齒輪式鐵道）通過。鐵路拆除後，現已改為遊步道。[I]

日本橋（重要文化財，一九一一年〔明治四十四年〕），橋長四十九公尺，橋寬二十七．三公尺，兩個拱的石造拱橋。橋面採取和洋折衷式裝飾，巴洛克藝術、文藝復興藝術跟日本的擬寶珠、麒麟浮雕混為一體。[I]

這些橋不論是紅磚橋或石造拱橋，都受到歐美技術的影響。

神戶跟橫濱一樣都在早期建設了近代水道設施。一九〇〇年（明治三十三年），一位習得近代技術的日本工程師負責建造了一座石材與紅磚混合的拱橋，這座橋也是前述水道設施的一部分，爲給水管道提供了通路。雖然這座水道橋（砂子橋）的規模較小，長度爲十九・二公尺，寬度爲三・三公尺，但是橋上仍然安裝欄杆與翼牆。我們把這座砂子橋進行建設時的照片，跟

正在建設的砂子橋。一八九八年（明治三十一年）左右。作者收藏品

正在建設的大主教橋（作者不詳，一八八二年，部分畫面）。這是一幅描繪造橋情景的油畫。畫裡的石造拱橋位於塞納河上，整座橋共有三個橋拱，中央的橋拱跨徑長十七・一公尺，兩側的跨徑長十五公尺。畫中的拱肋正在加工成為拱架，工程已接近尾聲。完工後的拱架可以當作撐材。取自《塞納河上的橋 閃耀在巴黎街頭的三十七座橋》東日本旅客鐵道出版，一九九一年

現在的砂子橋是一座道路橋（重要文化財）。取自文化廳文化遺產 on line

十九世紀中葉巴黎聖母院附近的大主教橋施工圖對比之後就能發現，兩座橋的拱架＊與撐材的組裝方式十分相似。

◎石造拱橋的傳入

日本的石造拱橋來自中國

日本第一座石造拱橋是長崎的眼鏡橋，日本初期的石造拱橋建造技術，也深受來自中國的影響。太田靜六在《眼鏡橋　日本與西洋的古橋》書中說明這種時代背景，主要因爲當時中國國內政治不穩定，許多中國僧侶、商人、文人都從中國遷到長崎居住。

中國的清朝始於一六四四年，大約過了二十年之後，明朝才滅亡。明末的十七世紀初期到晚期，很多中國人都移居到長崎來。譬如興福寺、崇福寺等所謂的「唐寺」，都是一六二〇年代來自中國的僧侶興建的。據說長崎的眼鏡橋，就是由興福寺的第二代住持如定和尙一手創建。接著，繼眼鏡橋之後，中島川上也建了一座石造拱橋，相傳這座橋是由移居長崎的中國商人建造的。此外，大約在同一時期，山口縣的岩國也建了一座木造拱橋，這座錦帶橋雖然不是石材建造，卻也深受中國的影響

十七世紀前期到晚期這段時間，中國國內有名的大師級人物相繼來到日本。日本官方也向中國文人發出邀請，譬如一六六五年（寬文五年），水戶藩主德川光圀邀請明朝遺臣朱舜水（一六

〇〇～一六八二年）來日。據說今天仍然保存在小石川後樂園的石造拱橋圓月橋，就是當年由朱舜水設計並負責興建的。

事實上，自從古羅馬與中國開始建造拱橋以來，石造拱橋花了一千五百多年的時間才傳到日本。古代、中世紀派出的遣隋使和遣唐使，在中國跟當地人互相交流，學得許多知識帶回日本來，後來到了中世紀，眾多僧侶投身參與公共事業，而空海就是最早在國內興建圓拱形土壩的第一人。空海曾在九世紀初期前往唐朝留學，除了修習佛教之外，他還習得藥學、土木工程學等知識。歸國之後，空海利用這些知識在各地開展以蓄水池、灌溉工程爲主的土木事業，其中最有名的，就是四國的滿濃池。空海修築這座日本最古老的蓄水池時，採用弧形的拱狀土壩，但這項工程裡並不包括石造拱橋的技術。當歐亞大陸各國紛紛建造石造拱橋，不斷開

圓月橋（小石川後樂園，一六六五年建設）。由朱舜水負責指導興建。[I]

用語解說— 拱架：架設拱橋之前，為了便於堆疊石材，先用撐材組成橋拱的模型。

發新技術的同時，日本國內卻連一座石造拱橋也沒有。直到今天，這段接觸石造拱橋的時差，仍然深深影響日本人對基礎建設的態度。譬如像橋梁，日本人並不認爲橋梁是耐久財產，而只把橋梁視爲經常性的消耗品，必須反覆不斷地更新。而造成這種看法的諸多原因當中，或許也包括了上述的時差吧。

日本國內開始興建石造拱橋，只有短短的四百年歷史。然而，這種類型的橋梁爲什麼後來沒在全國普及呢？我們經常聽到的理由，是因爲國內很難買到石材。這個理由確實是存在的。因爲日本擁有豐富的木材資源，就算沒有石材，我們也能鋸木製成梁與柱，再組裝成橋墩或橋桁。不過，我們在全國各地卻都能看到石造的城樓基礎與石牆。根據這項事實來看，「很難買到石材」這個理由，似乎又站不住腳了。所以說，如果想要追究半永久性的石造拱橋無法在日本普及的理由，或許應該從日本人對它的好感度，以及伴隨好感度而產生的引進欲望進行探討吧。

石造拱橋遭遇的洪災

過去數十年之間，曾經發生過許多跟石造拱橋有關的天災，有些長年使用的石造拱橋被洪水沖走，有些被沖走的橋身阻礙了水流，又使災害更爲擴大。

譬如諫早的眼鏡橋，當初就是因爲水災，而成爲第一座指定爲重要文化財的石造拱橋。諫早的眼鏡橋架設在本明川上。這條流經諫早市街的河流，也是長崎縣唯一的一級河川。一九五七年（昭和三十二年）七月，諫早市區內降下豪雨，雨量對眼鏡橋並沒造成損害，但在河中漂流的木材不斷堆積，最後堆成了天然堤壩。等這道天然堤壩被水沖垮後，洪水一下子淹沒了周圍的市區。這座石造拱橋對當地居民的日常生活提供支援，已有上百年的歷史，結果卻因爲那次水災，變成了天災的元兇，甚至有人因而建議將橋拆掉。所幸，最後討論得出的決策只是拓寬本明川河面，同時也進行河川整治的改建工程。而石造拱橋也被指定爲重要文化財，逃過了被拆除的命運，但整座橋後來都被遷到四百公尺外的上游右岸旁的公園裡。

一九八二年（昭和五十七年）七月，長崎大水災發生的時候，長崎中島川上的石造拱橋群也受到毀滅性損害。包括眼鏡橋在內的數座石造拱橋都創建於十七世紀，至今已有三百多年的歷史，堪稱日本最古老的石造拱橋群。當時的受損狀況爲：眼鏡橋、袋橋、桃溪橋等三座橋半毀，其餘的六座橋全毀。不過後來因爲中島川河畔修建了便捷通道，河面也進行拓寬工程，半毀的三座橋都已在原址完成修復工程。

擁有眾多石造拱橋的鹿兒島也曾經遭遇過相同的災害。一九九三年（平成五年）八月天降暴雨，鹿兒島甲突川上已有一百五十多年歷史的石造拱橋群遭到巨大損失。甲突川上共有五座橋，從上游往下游依序排列爲：玉江橋、新上橋、西田橋、高麗橋、武之橋。其中的新上橋與武之橋在那次水災被洪水沖走。水災過後，甲突川進行河道整修工程，拓寬河面，災後殘存的玉江橋、西田橋、高麗橋三座橋拆除後，搬遷到石橋紀念公園。

石造拱橋的材質堅固，比木材製造的橋梁更經久耐用，自然也更符合使用的需求。橋梁損毀會給我們日常生活帶來不便，結構脆弱的木造橋總是容易被一點點小水災沖走，重建工程既費時又費事，大家當然希望盡量建設堅固的橋梁。石造拱橋就是基於上述的需求而被建造起來的，最終也能讓我們便利安全地往來於兩岸之間。然而，只知一味注重便利與安全，另一種負面影響就不免逐漸顯現：碰到難得發生的大水災時，設置在河中的堅固結構就有可能堵住上游漂下的流木等雜物，間接形成威脅人車安全的決堤因素。

對日本人來說，在河裡埋設堅固的人造建築物，等於是用自己的雙手改變自然，這種做法會讓日本人的心底產生不安與恐懼。這種觀念已經成爲禁忌，或許也是明治時代以前的日本人不太熱中引進石造拱橋的理由吧。日本自古在淺溪只設置幾塊踏腳石（石橋），遇到洪水氾濫的時候，也只在河中設置不會阻擋水流的流動橋，或是橋面比水面更低的潛水橋，這些類型的橋梁反映出日本人希望盡量不要阻礙水流的想法。日本較晚引進石造拱橋，顯示日本人選擇外來知識的意志。不過，時代進入明治時期之後，情況卻發生了變化，石造拱橋跟紅磚橋一起受到人們的歡迎，變成了近代化的象徵。

諫早市本明川中的踏腳石。本明川自古就有兩處鋪設踏腳石的地方。現在的踏腳石是在一九八八年（昭和六十三年）鋪設的。[I]

佐田橋是四萬十川裡的一座潛水橋。洪水來襲時，這座橋就會沉入水中。為了減少抵抗流水的阻力，橋上沒有欄杆，橋板的四角也被磨成圓弧形。[I]

【橋梁趣聞】英國版石橋「塔爾石階」

這也是橋？看到這種橋，大家或許會產生這種疑問。不過，英國索美塞特郡這種利用扁平石塊堆砌而成的「塔爾石階」，卻是如假包換的中世紀石橋。

「人類創造的各種作品當中，再也沒有比橋更能跟自然景觀融為一體，又能襯托出自然之美的東西。從鄉村小溪中的踏腳石，到古羅馬的宏偉建築物，看遍各種實例之後，就能證明我說的沒錯。」上面這段話，是十八至十九世紀的英國詩人羅伯特・騷塞說的。

「塔爾石階」正如這段話

英國版石橋「塔爾石階」。石橋的構造非常簡單，只用扁平石塊堆砌而成。（一九九七年攝影）［I］

所形容的，已跟自然景色融為一體，甚至還給人錯覺，好像它自始就在那裡似的，這種特色跟《萬葉集》裡提到的日本石橋是相通的。

索美塞特郡西部有許多森林，全都分布在微微隆起的山丘與小河之間，「塔爾石階」就靜悄悄地架設在流過這種地形的小河上。

這座石橋橫跨小河的淺灘，橋墩與橋面全部採用名為「拍板」的扁平狀天然石板組成。英國在中世紀曾經建造過幾座類似的石橋，但其中還是以「塔爾石階」的規模最大。

橋墩上的橋桁鋪著石板，每塊石板的厚度約二十公分，寬度約一．五公尺，長度約三公尺。整座橋共有十七個跨徑，全長約四十公尺。橋墩的高度約九十公分，也是用拍板直接堆疊而成。

橋墩朝向上、下游的表面部分，拍板全都調整為傾斜狀。這是為了洪水氾濫的時候，沖向橋墩的流水能夠順利地從橋面上方通過。

英國西南部的丘陵地上遍布田園風景，這裡生產的蘋果酒非常有名。大家如果到酒吧點一杯蘋果酒，店家會在你的杯中插一根肉桂棒。這個地區還有個有名的故事，那就是亞瑟王的傳說。據說亞瑟王誕生的城堡，聖盃之泉，以及亞瑟王差點重傷陣亡的地方，都在英國的西南部。

石橋是用十七塊巨大的扁平石塊堆砌而成，最大的石塊長達三公尺。（一九九七年攝影）[I]

橋墩面向上游的部分，石塊堆砌成傾斜狀，便於水流迅速通過。（一九九七年攝影）[I]

歐日橋梁大不同

3

岩倉使節團在倫敦看到泰晤士河上的黑衣修士橋，這座橋今天仍在原處。［I］

各地的橋梁、道路等基礎建設都深受當地自然條件的影響。然而，就算進行規劃時能夠忽略自然條件的因素，但各地的基礎建設必然出現國家或地域造成的差異。

各國或各地域需要怎樣的基礎建設，架設怎樣的橋梁，除了要考慮自然條件之外，也受到當地居民的生活、習慣、行為規範、思考方式等各種影響。各地居民在上述各方面的差異，也都會在各地的橋梁、道路等基礎建設上反映出來。

幕府末期到明治初期這段時間，許多來日的西歐人都對日本的橋梁留下印象，而且他們基於對照歐美橋梁的視角得出的觀點，也成為我們進一步了解傳統日本橋梁特徵的依據。而在相同的時期，早已看慣日本橋梁的日本人也到了海外，他們對歐美橋梁懷抱的印象，當然還是以日本橋梁的特徵為出發點，這種印象對我們也有相當的參考價值。在這一章裡，讓我們從兩方對照的角度，一起來探索日本橋梁的特徵。

西歐人眼中的日本橋梁

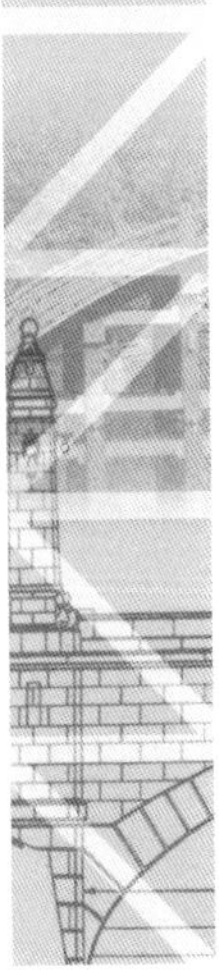

幕府末期至明治初期這段時間裡，很多西歐人都出書發表自己對日本社會、風俗、生活、風景等留下的印象。但是跟神社、佛殿、住宅、城郭等建築物相比，有關橋梁這種社會基礎建設的著作並不多。其中有些作品提到歐美人對日本橋梁的印象，甚至還用纖細、脆弱、短命等字眼來形容。值得注意的是，當時所謂的傳統日本橋梁，是指明治時代以前的著名或地位重要的橋梁，但是日本的橋梁並非只有這些，譬如像各位身邊的小河、運河，或水渠之上，應該也有很多無名小橋。而今天大家提起「傳統日本橋梁」時，卻沒把這些橋梁包含在內。

很多小橋只用樹皮都沒刨掉的原木直接搭在河上，上面再架些粗木椿，鋪上泥土，就是一座土橋。但是明治時代結束後過了很久，這些小橋仍能使用。所以對於明治時代的外國人來說，他們眼中的日本橋梁應該也包括那些日常生活中的小橋。

《維新港口的英國人》書中介紹過一段文字，其中引用了英國公使阿禮國的文章〈大君的都城〉。阿禮國於一八六一年從香港到達長崎，上岸之後經由陸路前往橫濱，途中經過水都大坂時看到當地的橋梁，書中的文字是這樣的：

「……大君的都城位於樹木叢生的山丘之上，向下可以俯視淀川的水流。『橫越這片荒漠的市郊，幾乎花費了一個小時。好不容易才看到大街出現在眼前。（中略）我們終於進入河道的主流。船身從宏偉堅固的橋下駛過，橋長大約三百碼。接著又看到下游的河心中央出現小島，島上密密麻麻地蓋滿了房屋，就像塞納河裡的聖路易島一樣……』

『我們從四面八方搭船遊覽了環繞市內的十三條河流與運河。這裡確實堪稱日本的威尼斯。凡是有水的地方就一定有橋，橋梁的數目至少上百。其中大部分的幅度都很寬，興建時應該花了不少錢吧。』」

文中提到那個跟聖路易島相似的小島，就是中之島，當時島上建了很多各藩的宅第兼倉庫「藏屋敷」。今天從大阪已有橋梁能直達中之島靠近上游的河岸。當時在上游方向的河面上，則有號稱「浪華三大橋」的難波橋、天神橋、天滿橋。阿禮國所說的那座「堅固的」橋，應該就是這三座橋當中的一座，而可能性最大的，大概是難波橋。

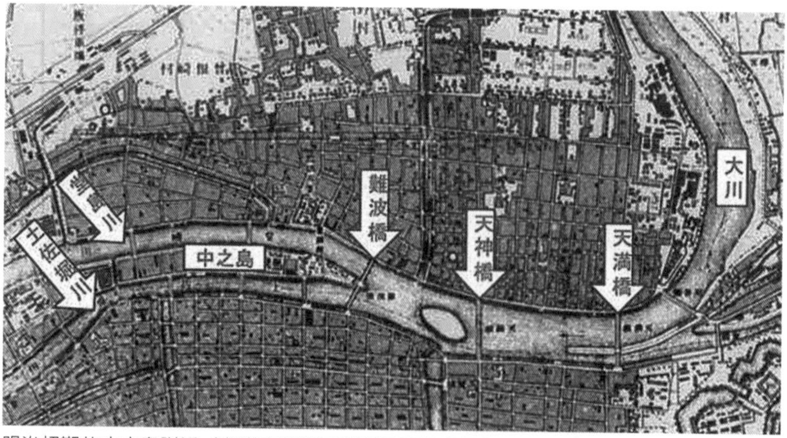

明治初期的中之島附近（參謀本部陸軍部測量局的「兩萬分之一臨時地形圖」，明治十七至二十三年），原圖略加修改。江戶時代的中之島靠近上游的邊緣距離難波橋還很遠。

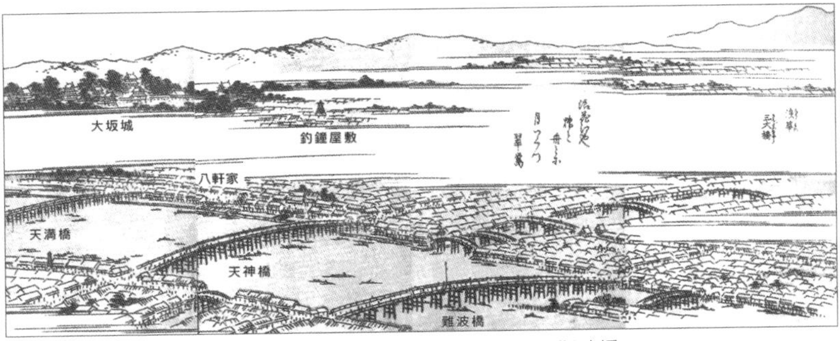

浪華三大橋，左起：天滿橋、天神橋、難波橋。
取自《浪華繁景》松川半山，一八五五年

江戶時代的天滿橋。
取自《諸國名橋奇覽》葛飾北齋，國立國會圖書館收藏

天滿橋上看到的天神橋與難波橋。當時的難波橋並沒連上中之島。一座橋跨越整條河面。取自《大日本全國名所一覽 義大利公使密藏的明治相簿》平凡社，二〇〇一年

對大阪的橋梁瞭如指掌的松村博指出，當時的三大橋都是幕府負責管理的「公儀橋」，或許跟中之島周圍民間架設的橋梁比起來，三大橋只是看起來比較壯觀，但卻稱不上是「宏偉堅固的橋」。

阿禮國從長崎出發後，沿途都走陸路，也許跟他在各地的見聞與經歷相比，水都的運河或渠道的橋梁就顯得比較「堅固」吧。

◎伊莎貝拉．博得眼中的石橋

一八七八年（明治十一年），英國人伊莎貝拉．博得前往東北地方旅行，她一面享受沿途的異國情趣，一面把這段恍如夢遊仙境的旅程寫成了遊記。進入山形縣之後，博得看到寬敞的道路上，行人車輛絡繹不絕，她不禁十分感動，便在旅途上寫道：「我看到一座即將完成的石橋，造得既完美又宏偉，真令人開心。」可能到達山形之前，她在路上看到太多凹凸不平的路面，還有貌似脆弱的道路與木造橋，等到眼前出現了既堅固又不像日本產物的石造橋，博得的心中便不由自主地升起安心的感覺吧。

山形縣的首任縣令（知事）三島通庸是薩摩人，他平時就熱中研習石造拱橋的建築技術，還在山形進行了道路整修工程，伊莎貝拉．博得看到即將竣工的那座橋，正好就是當時道路整修工程的一部分，也就是五個橋拱相連的石造拱橋常盤橋。一八九〇年（明治二十三年），洪水沖毀了這座常盤橋，所以我們現在已經不知它的模樣，但在高橋由一的畫作《酢川上的常盤橋》，以及當時的照片裡，我們仍能捕捉到博得眼中「堅固的石橋」的形象。常盤橋建成之後，福島前往米澤、山形的沿途又接連興建了許多石造拱橋，總數超過二十以上，其中超過半數都保存到現在。博得當時住在羽州街道旁的「楢下宿」，從這個宿場町再往前走，就到達上之山溫泉。「楢下宿」現在仍有兩座相連的拱橋橫跨在須川之上。其中的一座全長十四・七公尺，是一八八〇年（明治十三年）架設的新橋。

常盤橋。取自《大日本全國名所一覽　義大利公使密藏的明治相簿》平凡社，二〇〇一年

羽州街道旁「楢下宿」的新橋。這座石造拱橋在常盤橋建成後兩年才竣工。全長十四・七公尺，橋高四・四公尺。（二〇一六年攝影）[I]

◎外籍技師布朗東留下的印象

日本政府最早雇用的外國技師當中，有來自蘇格蘭的土木技術專家R・H・布朗東（一八四一～一九○一年）。當時政府聘請他來日，是要請他負責燈塔建設工程，但是布朗東到任之後，在上下水道、道路、港灣、河川、橋梁等各方面都發揮了他的才能。他在一八六八年（明治元年）到達日本，當時才二十七歲，來日之前，他在英國從事鐵道相關工作，早已累積了相當的經驗。

布朗東於一八七八年（明治十一年）三月離任歸國，除了之前曾經短期回國休假外，他在日本前後居住了八年，也把自己駐日的見聞記錄了下來。布朗東在他的筆記中，從技師的角度對日本的橋梁表達了冷靜的看法：

「沒來過日本的人，很難想像日本一般住宅是多麼原始，典型的日本民宅都很簡樸，一年四季住在裡面，真的談不上舒適二字。日本住宅的梁柱建在稍高於地面的礎石上，這個部分也是整棟建築裡最重要的結構。這些梁柱都很沉重，上面支撐著做工並不理想的屋頂。屋頂看來做得很粗糙，上面覆蓋著笨重的屋瓦或厚厚的稻稈。」（中略）

「一八七○年看到的日本橋梁結構，跟前述的住宅一樣非常原始。橋墩由兩根沒有刨掉樹皮的木材組成，離岸最近的橋墩是在建築技術允許的範圍內，勉強插在離岸最遠的地點。橋墩與橋墩之間架設了兩根木料，都選用日本橋梁特有的圓拱狀的木材。橋墩上面鋪著平行並列的厚木板，並裝設了做工拙劣的欄杆，這樣就算建好了一座橋。這種橋梁必須經常維修，而且不能行走馬車，大約每隔五年就得重建一遍。」（作者譯）

布朗東批評日本的橋梁跟住宅一樣，都是木造、缺乏耐久性、非常原始。而有趣的是，在布朗東出生的英國也有一座橋，大家對這座橋的評語是：現代化之前的產物，非常原始。這座橋就是倫敦泰晤士河最後的木造橋巴特西橋。事實上，巴特西橋的結構性機能確實不出色，但它卻持續使用了一百多年，並且還受到許多畫家的青睞。保田與重郎在《日本的橋梁》書中指出，脆弱的巴特西橋無力跟自然對抗，那種逐漸消逝的寂寞是日本人能夠了解的，同時也很欣賞那種感覺。

舊巴特西橋建於一七七二年，原本是爲了收取過橋費才建的。後來，泰晤士河上又建了其他的近代化橋梁，而巴特西橋的狀態則越來越糟。不過，直到一八八五年之前，它仍然橫跨在泰晤士河之上，所以布朗東才看過這座橋吧。因爲布朗東在一八七八年被伊藤博文取消外國技師聘雇資格後，

晚年的布朗東。取自《R. H. 布朗東日本燈塔與橫濱建市之父》橫濱開港資料普及協會，一九九一年

布朗東的故居現在仍然保留在倫敦市中心。他一直住在這裡，直到一九〇一年過世為止。（二〇一五年攝影）[I]

動身返回英國。七年之後，巴特西橋才被拆除。布朗東直到晚年都住在倫敦，他的住所位於地下鐵格洛斯特路站附近，從他家走路到巴特西橋大約需要十五分鐘。

布朗東從前的住宅現在仍在原處，住宅旁邊有一家旅館。我曾在這裡投宿，並從這裡步行前往舊巴特西橋。這趟旅行讓我產生一種想法：布朗東既然身為土木技師，又住在附近，他不可能不關心這座曾因拆除而引起爭論的巴特西橋。我確信布朗東當時對這座橋應該是非常關注的。

舊巴特西橋採用木材建造，由於橋身日趨老化，必須經常進行修補。又因爲橋墩影響船隻通行，所以部分橋墩曾被拆除，改用水泥與鐵材進行補強。但橋身老化的現象越來越嚴重，最後只好禁止馬車通行，巴特西橋變成了行人專用橋。一八八五年，這座橋終於被完全拆掉了。

以巴特西橋爲主題的畫作相當多，其中最有名的是惠斯勒（一八三四～一九〇三年）的《夜曲：藍與金——老巴特西橋》（一八七二～一八七五年）。惠斯勒的畫風深受北齋的浮世繪影響。他在這幅畫裡特別強調橋墩的高度，故意畫得比真實的橋墩還高。畫面裡的夜空十分昏暗，遠處升起閃爍的煙火。更有趣的是，小林清親（一八四七～一九一五年）所畫的《開化的東京　兩國橋之圖》，畫風似乎又受到惠斯勒的影響。

左：惠斯勒的《夜曲：藍與金—老巴特西橋》。（泰特・布里頓收藏）
右：小林清親的《開化的東京　兩國橋之圖》。取自《小林清親 光線畫描繪的鄉愁東京 逝後百年（別冊太陽日本心靈 229）》平凡社，二〇一五年

日本武士看到的西歐橋樑

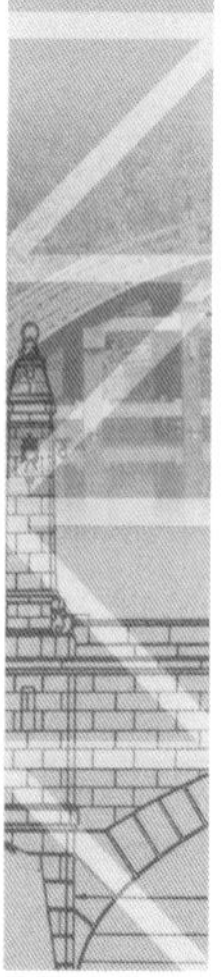

◎幕府末期的遣歐使節團

幕府末期到明治初期，日本人前往西歐諸國訪問時曾留下一些紀錄，記載著日本人對西歐的社會基礎建設或橋梁等留下的印象，這些文字剛好也能讓我們從相反的角度，檢視日本橋梁的特徵。

德川幕府於一八六〇年代曾經派出四批使節團，他們的任務分別是簽訂條約、修訂交涉、參加萬國博覽會，以及參訪視察。一八六〇年，日本派出赴美使節，跟美方交換「日美修好通商條約」的簽訂書，這也是一連串遣使活動的第一步。緊接著，一八六二年和一八六四年，日本又派出了赴歐使節；一八六七年則是爲了參加巴黎萬國博覽會，那次的使節團成員除了幕府官員之外，還包括佐賀藩、薩摩藩的相關人員。明治政府曾在一八七一年（明治四年）任命岩倉具視爲特命全權大使，帶領岩倉使節團前往歐美，遣使的主要目的是爲了修訂幕府末期締結的條約而進行交涉，但參訪視察也是這次遣使的重要目的之一。

這些使節團的報告裡也記載著團員的感想，他們近距離觀察歐美各國的社會基礎建設，其中也包括橋梁在內。

一八六二年（文久元年）的第一回遣歐使節團紀錄裡，有一段關於橋梁的記述。那次使節團經由法國，前往倫敦參加萬國博覽會之後，又前往荷蘭、德國訪問，紀錄裡寫著使節團在科隆看到橋梁時的印象：

「河上橫跨一座極為神奇的大橋，全部都是鐵製，橋長約一百二十間（約兩百一十六公尺），上方覆蓋鐵格帷幕，寬約九間（十六・二公尺），高約三間（約五・四公尺）。橋身的中央也豎著相同鐵格帷幕，將橋面分為左右兩半，每側的橋面寬度各約四間（約七・二公尺）。一側的橋面鋪上可供火車通行的鐵道，另一側橋面鋪成人行道。河面中央本該用木樁築起橋墩的位置，分別採用石塊堆成四處堅固的石樁。在使節團參訪過的六國當中，大家從沒看過如此新奇的橋梁。」

文章裡提到的這座橋，是一八五五年建於科隆市內萊茵河上的大教堂橋，後來改建爲現在的

第一回遣歐使節團主要成員。右起第二人為正使竹內保德。

鐵造拱橋霍亨索倫橋。所謂的鐵格帷幕，是用斜狀鐵條交叉構成的格子桁架*，四片鐵格帷幕剛好組成箱籠的形狀，火車就在這種箱籠裡面行駛。這種類型的橋梁在鐵路發達的十九世紀後期很常見，譬如像歐洲各國與英國殖民地的印度等地，凡是鐵道橫跨規模較大的河流時，都採用這種橋梁結構。

看慣日本傳統的上承式*桁架橋之後，再來看這種路面上方還有其他建築物的橋梁，大家肯定會覺得非常稀奇。這種感覺也從相反的角度反映出日本人對橋梁形象的認知，因爲大家向來認爲行人應從橋梁結構物的上方通過（叫做「上承式橋」）。傳統的日本橋梁幾乎全都是架好橋桁之後，把路面鋪在橋桁上方，路面上方除了欄杆

位於伯明罕郊外的工廠正在製作輸往印度的格子箱桁（一八六〇年八月）。
取自 J. G. James, *Overseas Railway and the Spread of Iron Bridges,* C. 1850-70, Author, 1987.

用語解說——格子桁架：由間隔緊密的斜材組成的桁架。

上承式：一種橋梁的形式，道路或鐵路的行走面位於橋梁結構的上側。

一八六二年幕府遣歐使節團看到的「神奇的大橋」大教堂橋（德國，科隆）。一八五五年建成，一九〇九年改建為拱橋，由四片一百零三．二公尺的熟鐵製鐵格帷幕組成箱籠狀格子桁架，火車就在箱籠裡面行駛。遠處可以望見科隆大教堂。當時只有一座教堂塔。

原本大教堂橋的位置，現在架設了另一座霍亨索倫橋。（二〇一五年攝影）[I]

外，沒有其他的物體。這種橋梁形態才符合大家的認知。而使節團的紀錄裡的那一句：「從沒看過如此新奇的橋梁」，應該是指橋梁建築往上發展，因爲日本的橋梁建築裡，從來都沒出現過這種向上添加「厚度」的先例。

◎岩倉使節團

幕府末期到明治初期的使節團報告書裡，寫得最詳盡的是《特命全權大使　美歐回覽實記（岩波文庫）》（全五卷）。這分文件裡收錄了使節團五十名成員沿途的概略經歷。其中有關橋梁的詳細記述，主要是關於美國尼加拉吊橋，以及英國倫敦泰晤士河上的橋梁。

擔任編纂任務的久米邦武出身佐賀藩，當時三十三歲。使節團於一八七一年（明治四年）出發時，久米邦武的身分是「使節紀行纂輯專務輔佐」，明治六年使節團回國，久米在歸國後第二年被任命爲「太政官外史紀錄課長」，負責報告書的編纂工

泰晤士隧道內部。這張名為〈倫敦隧道內景象〉的圖片被收錄在《實記》當中。

作。之後，他曾以歷史學者身分在東京大學的前身文科大學擔任教授，又在早稻田大學從事國史與古文的研究工作。

上述有關英國的詳細報告中，記述倫敦道路交通的部分提到了泰晤士河底隧道橋（《美歐回覽實記二》，以下標示爲《實記》）。

這條隧道以穿越泰晤士河底的方式取代了橋梁的地位。文章裡稱讚這條隧道是「倫敦一大奇蹟」，並以下面這段文字顯現大家對這條隧道的好奇：

「河口處的石梯可供行人自由上下，馬車不可通行。河面幅度很寬，至少有一百數十間，隧道裡點著瓦斯燈，通風狀態不佳，最近經此往來的行人甚少。據說現在正計畫開創偉業，另建一條新隧道，不久前已有鐵道公司承包這項計畫，將把環繞市區的地鐵跟隧道連接起來。」

這條隧道是全世界第一條採用潛盾工法建成的行人專用隧道，由十九世紀前期的著名土木工程師馬克・布魯內爾（一七六九～一八四九年）設計建造。隧道在一八七五年賣給鐵道公司，

布魯內爾的潛盾工法說明圖。《實記》裡對這種工法的記述如下：「河底的隧道……以磚瓦鞏固洞穴，從河底穿過……」

改建爲鐵路專用隧道。當時使節團成員似乎也聽到了這項傳聞。目前這條隧道作爲倫敦地鐵的一部分，仍然擔負著交通運輸的任務，同時也已被登錄爲文化遺產。使節團參觀這條隧道的十年前，也就是一八六二年，幕府末期的遣歐使節參加倫敦萬國博覽會的時候，也曾參觀過這條隧道。

使節團成員認爲，隧道橋架設計畫事先考慮過倫敦橋下游的倫敦港，與泰晤士河中船隻之間的關係。報告書中記述了他們所理解的狀況：

「倫敦的貿易航道上，最靠近下游的橋叫做『倫敦橋』，各國商船航行到此都得停泊（可能造橋時就假設船務人員已經了解這項規定。所以河上架橋的

使節團看到的約翰・雷尼設計的倫敦橋。一九七二年拆除。

測量標準，也是剛好把橋建在船隻無法通過的高度。這就是西洋造橋的方式，只要船隻航行在河道上，永遠必須遵守這項規定。如不遵守，將對國家利益造成損害）。從這裡開始，只有小船才能繼續航向上游。（以下省略）」

另外，還有關於橋梁的記述：「從倫敦橋直到上游，總共有十三座橋，其中四座鋪了鐵道，人馬不可通行，另外九座可供車馬行人通過。各橋的建築極其精美，投入的經費極其龐大，詳情請參閱左側圖表。」接著，又按順序介紹每座橋梁。

報告書把當中的倫敦橋評價爲「首都第一美橋」。使節團當時看到的倫敦橋，是在建築完成四十年之後。這座橋

今天的黑衣修士橋是在使節團訪英前幾年才建成的。（二〇一六年攝影）[I]

是一座石造拱橋，設計者是土木工程師約翰．雷尼（一七六一～一八二一年），一八三一年，由他的兒子負責完成全部工程。使節團參觀後過了一百年，也就是一九七二年，倫敦橋改建為現在的模樣。舊橋經過解體處理後，現已搬遷到美國亞利桑那州。

使節團當時看到的黑衣修士橋，現在仍在原處。這座熟鐵拱橋於一八六四年六月開工，一八六九年十月六日開通。《實記》裡對這座橋的記述文字為：「石橋，三年前改建，極其精巧。」奇怪的是，這座橋明明是一座熟鐵拱橋，紀錄裡卻寫成石造拱橋，並讚美建築極其精巧。

另一座滑鐵盧橋，曾因拓寬工程造成橋墩下陷，後來在一九二四年改建成鋼筋水泥橋。不過使節團當年看到的，是約翰．雷尼設計的九個橋拱連成的石造拱橋。《實記》裡對這座橋的描述為：「石橋，橋長一千二百四十二尺（約三百七十六公尺，一尺＝三十．三公分）、寬四十二尺（約十二．七公尺）。於一八一七年

《滑鐵盧開通典禮橋》（J. 康斯特堡，一八三二年，局部，英國泰特美術館展示）[I]

從舊巴特西橋上瞭望一八五八年建成的舊切爾西橋。

耗費一百一十五萬英鎊建成。外觀美麗，可媲美倫敦橋。」十九世紀英國畫家康斯特勃曾畫過滑鐵盧橋通車典禮，這幅作品目前在倫敦美術館的泰特不列顛分館展出。

泰晤士河上的西敏橋是由七個橋拱相連而成的鑄鐵拱橋，於一八六二年完工，也就是在使節團訪問英國前十年建成的。橋身設計採取哥德式建築，跟左側岸邊的英國國會配合構成協調的畫面。七個橋拱中，正中央的橋拱寬度三十九公尺，左右兩邊的橋拱寬度順勢遞減，分別爲三十八公尺、三十五公尺、三十公尺。橋面中央爲車道，寬度爲十七・六公尺，兩側各有一條人行道，寬度爲三・九公尺。從建築技術的特徵來看，全世界最早採用凹凸板＊鋪裝橋面的，就是這座西敏橋，現在橋面已經改鋪鋼筋水泥板，但是這種凹凸板後來也被廣泛當作日本橋梁的建材。

使節團對西敏橋的記述是：「石橋，橋長一千二百二十三尺（約三百七十公尺），橋寬四十四尺（約十三公尺），

用語解說——凹凸板：用來鋪裝橋面的鋼板，方形板塊的中央呈凹下狀。橋面鋪上這種鋼板後，再鋪砂石或水泥。

一七五一年花費八十九萬英鎊建成。一八六二年改建爲石橋，做工極爲精美，可與『滑鐵盧橋』相媲美。」這座橋明明是鑄鐵拱橋，但在《實記》裡卻還是寫成石橋。或許是因爲在日本國內只要提起拱形，就會令人聯想石造的眼鏡橋，因此才在紀錄裡寫成石橋。而拱狀石橋（看起來很像）給人帶來的共同印象則是「先進」，而非「好看」。

《實記》也記載了切爾西橋的相關訊息。這座橋後來在一九三七年重新修建過。從前的切爾西橋是由附加裝飾的鑄鐵橋塔與熟鐵橋桁組成的自錨式吊橋*，當時的名字叫做「維多利亞橋」，一八五一年動工，

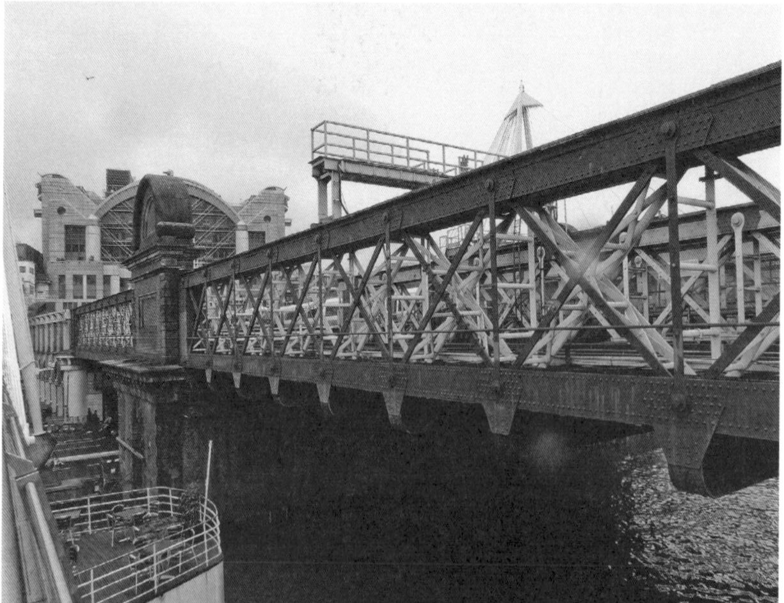

「直達河濱的車站」的亨格福德橋。左側可望見查令十字車站（二〇一六年攝影）。[I]

一八五八年完工，橋梁的營運靠收費維持。

《實記》對這座橋的記述是：「橋長九百七十尺（約兩百九十三公尺），寬五十三尺（約十六公尺），於一七七二年耗費兩萬英鎊建成的木橋，最近已改為石橋，做工甚為精美，公認是一座美橋。」根據這段紀錄，一七七二年架設的這座木造舊橋，似乎就是前面提到過的巴特西橋。而紀錄裡那座以鑄鐵、熟鐵為主材料的吊橋，後來又改建成石橋，或許這段關於切爾西橋的文字，其實寫的是另一座橋吧。

使節團當時看到的亨格福德橋（一八六四年），今天仍在原處，這座橋的兩側後來又增建了斜張橋＊式的步道橋（就是為了慶祝千禧年而建的「五十周年紀念橋」）。《實記》對於亨格福德橋的記述跟其他幾座橋不太一樣，文字之間充滿了臨場感。以下就是他們親眼所見的印象：

「兩橋之間有一座鐵道橋，火車從人們的頭上飛馳而來，直達河濱的車站。鐵道下方有巨型鐵柱支撐，大路上方則以石塊疊成圓弧狀（叫做「阿爾其」（即 arch），也就是我們建造眼鏡橋的疊石方式）。車輪轟然如雷，往來奔走於行人頭頂，乘客匆匆進出車站，搭車如蜂擁而來，下車如蜂群潰散。」

文中的「河濱的車站」，即是泰晤士河北岸的查令十字車站，「往來奔走於行人頭頂」則

用語解說——自錨式吊橋：吊橋兩端的懸索固定點不在橋的外側，而是在橋桁兩端之類的結構內部。
斜張橋：橋梁構造的形式之一，鋼纜從橋塔斜向伸出後，直接拉起橋桁。

是指火車從南岸越過鐵道桁架，順著泰晤士河畔的維多利亞堤岸進站的情景。從這段文字可以看出，鐵橋沿著河道從道路上空越過，這種立體設計讓使節團感到非常新奇，紀錄中也提到附近還有一座高架的石造拱橋。

◎構造美的概念因近代化而生變

明治時代以後，實用主義逐漸在日本站穩腳步，橋梁或建築也變成以石造爲主體，越厚重堅固的構造越受歡迎。這種變化應是明治前期日本對歐美文化憧憬所帶來的影響。一八六〇年之後的十年，是日本對西歐文物、文化的評價發生重大變化的時期，同樣的，日本在這段時期對橋梁的看法也改變了，變得比較傾向強調厚重質感的結構。傳統日本橋梁或建築物的輕巧特色不再廣受青睞，反而像銀座「一丁倫敦」的紅磚街之類象徵歐化的厚重質感才更受歡迎。而在橋梁方面，石造拱橋具有更強的厚重感，是提供近代化證明的最佳形式，大眾也比從前更容易接受。

從「人們的頭上」越過的亨格福德橋（上），亦即支撐在「鐵道下方」的「巨型鐵柱」（下）。就像《實記》形容的那樣，火車「從人們的頭上飛馳而來」，順著泰晤士河畔的維多利亞堤岸進站。車站在橋左，右邊則是泰晤士河。（二〇一六年攝影）[I]

【橋梁趣聞】江戶東京下町的橋

新大橋位於東京的隅田川上，一九一二年（明治四十五年）七月十九日開通。六十多年來，這座連結中央區與江東區的大橋始終擔負著交通運輸任務。現在部分橋體已被移至愛知縣的「明治村」博物館。遷出的部分只佔全橋八分之一，遷移之前，先把靠近中央區那邊的橋頭解體，然後移到新址重新組件。橋體花崗岩主柱的照明裝飾、欄杆，還有橋門，採用大量S曲線構成新藝術風格的設計，使人領略到二十世紀初的時代感。

新大橋的外觀宏偉，全長一百八十公尺，寬十八・八公尺，橋面中央是車道與市內電車的軌道，兩側是專供行人利用的步道。橋上鋪的是水泥面板，而非木製面板，也因此，後來發生關東大地震的時候，新大橋的橋面並沒燒毀，橋上也成為當時的避難場所，拯救了許多民眾的性命。

江戶時代的新大橋。《名所江戶百景 大橋驟雨》
歌川廣重。國立國會圖書館收藏

新大橋首次在隅田川上架設，是在十七世紀末的元祿年間，當時是僅次於千住大橋、兩國橋之後，隅田川上架設的第三座橋，設置地點在現在的橋址下游兩百公尺左右的地方。新大橋建成前三十年，兩國橋先在它的上游地點建成。由於兩國橋的別名叫做「大橋」，所以後來建成的這座橋就叫做「新大橋」。

新大橋在江戶時代曾被隅田川的洪水沖走橋墩，也曾因火災而燒毀。反覆的損毀耗費了龐大的維修經費，但這座橋也提供民眾便捷的交通，並創造了江戶下町的重要景觀。

梵谷以《雨中橋》為題所畫的新大橋。畫中的橋上也有幾個人影，匆匆冒雨跑過橋面，朦朧雨絲中隱約可見遠處的風景。梵谷是模仿歌川廣重的《大橋驟雨》（右）而畫。

浮世繪畫師歌川廣重的著名系列《江戶名所百景》中有一幅《大橋驟雨》，畫中的大橋上有幾個人影，匆匆冒著陣雨跑過橋面，背後的朦朧雨絲中，隱約可見遠處的風景。這幅畫的主題就是新大橋景色。

浮世繪曾在十九世紀末的歐洲美術界起到舉足輕重的作用，因而形成了日本主義。譬如大家都知道梵谷的《雨中橋》，這幅畫就是模仿廣重的新大橋浮世繪畫成的。

更有趣的是，以舊日的新大橋為主題的浮世繪左右了新藝術運動，而這種力量後來又像回音似的返回日本，並對明治時代的新大橋設計產生影響。

從前的新大橋（一九一二年〔明治四十五年〕建造，一九七七年〔昭和五十二年〕部分橋體移往愛知縣犬山市的明治村重組）。橋門結構採用新藝術風格的設計。（二〇一六年攝影）[I]

鐵與混凝土

4

一八八七年（明治二十年）建造的舊吾妻橋，也是隅田川上的第一座鐵橋。土木學會附屬土木圖書館提供

鐵與混凝土是今天橋梁建材中的兩大主角。近代的橋梁建材從木石等自然材料，慢慢演變為鐵與混凝土等人工材料，這種變化的軌跡跟近代橋梁發展的過程是同時並進的。

鐵被用來當作橋梁的主要建材，是在十八世紀初，英國人成功地利用煤炭煉鐵之後。英國在十八世紀末建設的「鐵橋」，則是世界上第一座鐵橋。十八世紀後期，熟鐵已被廣泛使用。熟鐵是鑄鐵經過精煉之後的產物，質地較鑄鐵更柔軟，更有韌性。

日本開始引進鐵橋技術的時候，鑄鐵時代早已結束，熟鐵則取代了鑄鐵的地位。到了十九世紀末，一種叫做「鋼」的新素材被大家用來造橋，鋼橋的地位很快就超越了熟鐵橋。

鋼筋混凝土被用來當作橋梁建材，比熟鐵晚了半世紀，比鋼則晚了十年左右。鋼筋混凝土在橋梁建材方面的可能性，目前歐美國家也正處於研發的階段，所以對日本的技術人員來說，鋼筋混凝土既是開發的對象，也是可能帶來希望的新技術。今天，我們仍可經由現存的舊鐵橋或鋼筋混凝土高架橋，重新發覺技術人員曾經懷抱的偉大理想。

在這一章裡，讓我們一起回顧近代初期採用新材料建造的鐵橋，以及後來登場的鋼筋混凝土高架橋。

鐵橋登上舞台

◎鐵橋是近代化的象徵

鐵橋登場

明治以後的近代橋與江戶以前的傳統橋，兩者之間最大的差異，就是建造的材料不同。明治以前的橋梁主體大都採用木、石等天然素材組成的材料。幕府末期到明治初期，隨著歐美技術的引進，日本也學會了利用鐵材建造橋梁，但要把這種依靠外援踏出第一步的技術轉移給國內，日本首先必須具備基礎技術，譬如興建維修鐵工廠、機械廠、動力工廠之類的基礎設施，或是確保擁有自給自足的鋼鐵產業，這些都是不可缺少的條件。換句話說，日本開始建造鐵橋，等於也是為日本的鋼鐵相關產業揭開序幕。

日本的第一座鐵橋，是一八六八年（慶應四

「銕橋」的橋頭豎著當年的石柱，上面刻著從前的假名。（二〇一六年攝影）[I]

長崎的「銕橋」建於一八六八年（慶應四年），是日本的第一座鐵橋。一九三一年改建為混凝土桁橋，一九九〇年改建為現在的混凝土步道橋。取自：《新版日本的橋 鐵・鋼橋的歷史》朝倉書店，二〇一二年年）八月在長崎中島川下游建成的「銕橋」（「鐵橋」的古字）。這座桁橋的長度二十一・八公尺，寬度六・四公尺，由出島的荷蘭技師霍葛爾在長崎鐵廠加工製成後架設在河上。第二座鐵橋在一八六九年（明治二年）秋天完工，架設地點在橫濱的關內，也是當時外國人居留區的入口，由英國技師布朗東負責建造的華倫式桁架橋*，名爲「吉田橋」。第二年的一八七〇年（明治三年），大阪東橫堀川上又興建一座英國進口的「高麗橋」。上述三座橋現在都已經看不到了。不過在明治初期建造的鐵橋當中，有些橋現在仍在使用。

橫濱的吉田橋。一八六九年（明治二年）建成，是日本第二座鐵橋，長度約二十一公尺的桁架橋。取自：《新版日本的橋　鐵・鋼橋的歷史》朝倉書店，二〇一二年

橫濱繪（以橫濱為主題的浮世繪）《橫濱吉田橋伊勢山大神宮遠景》裡的吉田橋。取自：《新版日本的橋　鐵・鋼橋的歷史》朝倉書店，二〇一二年

譬如大阪的「心齋橋」，這座橋原是一八七三年（明治六年）從德國進口後架設完成的鐵橋，

現已搬到大阪市鶴見區綠地公園裡當作行人步道橋，並已改名為「綠地西橋」。這座鐵鏈弓弦式桁架橋*的長度約三十六公尺，是國內現存最古老的鐵橋。

高麗橋。一八七〇年（明治三年）建成，是日本的第三座鐵橋，也是大阪的第一座鐵橋。橋桁與橋墩都是從英國進口，然後架設在東橫堀川上。一九二九年（昭和四年）改建為現在的混凝土拱橋。
取自：《新版日本的橋　鐵・鋼橋的歷史》朝倉書店，二〇一二年

綠地西橋（舊心齋橋）。一八七三年（明治六年）從德國進口的熟鐵弓弦式桁架橋，橋長約三十六公尺，是日本現存最古老的鐵橋。（二〇一五年攝影）[I]

用語解說——華倫式桁架橋：由斜向建材相互交叉構成逆「W」狀的桁架，華倫式現在是桁架橋的主流。
弓弦式桁架橋：桁架的斜向上弦建材（桁架上緣）與斜向下弦建材（桁架下緣）組成貌似弓與弦的形狀。

最早的鐵道橋

一八七二年（明治五年）新橋・橫濱之間的鐵道開始通車，這段路線全程的鐵道橋都是木造橋，但在一八七四年（明治七年）開通的神戶・大阪的鐵道建設工程中，武庫川橋梁、神崎川橋梁，以及十三川橋梁，都採用了英國製造的七十英尺（約二十一公尺）鐵鍊華倫式桁架橋，這幾座橋也是國內最早的鐵道專用鐵橋。

一八七四年（明治七年），大阪・京都之間的鐵道橋開始動工興建，一八七六年（明治九年）完工通車。這座一百英尺鐵鍊矮桁架橋*現在仍在使用。今天在淀川十三大橋旁邊的公路橋濱中津橋，就是由這座鐵道橋改建而成。一八七七年（明治十年），新橋・橫濱之間的六鄉川橋梁由木造桁橋改建爲鐵橋時，政府曾從英國進口相同形式的矮桁架橋，其中的一段，目前保存在「明治村」博物館。

一八七八年（明治十一年）架設在東京楓川的舊「彈正橋」是一座長度約十五公尺的弓弦式桁架橋，這座橋的一部分後來被改造爲步道橋，遷到地鐵東西線門前仲町車站附近的富岡八幡宮後面，目前仍能使用，並已改名爲「八幡橋」。

正在架設的武庫川橋梁。日本第一座鐵道用鐵橋，架設在神戶・大阪之間。部件全部從英國進口，於一八七四年（明治七年）完工。
取自：《新版日本的橋 鐵・鋼橋的歷史》朝倉書店，二〇一二年

用語解說—矮桁架橋：桁架上緣分別獨立，並不相連，適用於小型橋梁。

濱中津橋（大阪，熟鐵一百英尺矮桁架橋）。從一八七四年（明治七年）的京都・大阪之間鐵道開始，日本從英國一口氣進口了一百段橋桁，其中一部分甚至還被用來架設道路橋。（二〇一五年攝影）[I]

六鄉川鐵橋（明治村）。一八七七年（明治十年）新橋・橫濱之間的木造橋改建時，用來取代舊橋的熟鐵一百英尺矮桁架橋。（二〇〇四年攝影）[I]

八幡橋（舊彈正橋，重要文化財）一八七八年（明治十一年）工部省赤羽工作分局製作的熟鐵弓弦式桁架橋。後來因為橋面太窄，橋板等經過改造後遷移到別處。（二〇一六年攝影）[I]

早期的鐵橋緊隨明治維新的腳步相繼在國內登場，它們跟蒸汽火車頭、鐵船等設施爲日本帶來新時代的氣息，同時也都是文明開化的象徵。

◎從鑄鐵到熟鐵，鋼鐵時代來臨

高爐法出現

人類最早開始用鐵，是在紀元前一千多年以前，位於土耳其中部的西臺王國首先建立了鐵器文明。西臺王國也因征服美索不達米亞而繁盛一時。但人類從使用刀刃、箭頭、工具之類的小型鐵器，發展到使用鐵橋之類的大型鐵器，還是花了兩千多年的時間。

在人類發展製鐵的過程中，曾有兩件劃時代的大事跟我們今天的鋼鐵時代關係極爲密切：一是十四世紀至十五世紀的西歐發明了高爐法，二是英國在十八世紀以後發明了煤炭煉鐵。有了高爐法之後，熔化鐵礦石所需的一千五百度高溫才能付諸實現，煤炭煉鐵解決了製鐵過程中不純物質的影響，又因爲煉鐵的燃料採用產量豐富的煤炭，所以才能提供價格低廉的鐵。

煤炭煉鐵發明以前，一般是採用不純物質較少的木炭當作燃料。英國爲了收集煉鐵的木炭，曾在森林進行大肆砍伐，有人甚至認爲森林因而遭到毀滅，間接變成狼群失去棲息場所的遠因。

一七七九年，全世界第一座鐵橋在英格蘭中西部的「煤溪谷」建造完成。今天在相同的地點仍有一座鑄鐵拱橋，名字叫做「鐵橋」。

煤炭煉鐵的技術問世後，鐵價終於大幅下降，煤溪谷的工廠將煉鐵的鐵水注入模型，製成蒸汽機汽缸、輪軸，車輪之類的機械零件，教堂的入口、門扉，還有路標、棺蓋等各種各樣的鐵製品。之後，煉鐵廠的出銑量（生鐵產量）日漸增加，大家又發現鐵還可以用來製作橋梁、鋼筋等大型產品，而最先將這種想法付諸實現的，就是「鐵橋」。

「鐵橋」全長約三十公尺，當時是把拱肋從中央分成兩半，分別鑄造兩段四分之一圓弧狀的部件，然後利用木工

鐵橋（英國，一七七九年，世界遺產）。全世界第一座鐵橋。大約使用了三百噸的鐵。（二〇一五年攝影）[I]

榫卯相接的方式，將兩段圓弧連成半圓形拱橋。

「鐵橋」順利建成之後，歐洲各地都紛紛著手建造鑄鐵橋。

十九世紀前半期，世界各地的大宗貨運手段從運河轉向鐵路，蒸汽火車頭也朝向重量化、高速化的目標邁進。但是沉重的火車頭經過鐵道橋的時候，引起較大的震動，而鐵道橋的橋梁建材鑄鐵卻因含碳量較多，質地既硬且脆，有時就會因爲鐵橋無法支撐，而發生火車墜落的意外。所以十九世紀中葉以後，鐵道橋的建材便漸漸改用比鑄鐵更堅固又有韌性的鐵＊。

迪河鐵橋斷裂事故（一八四七年）。羅伯特・史蒂文生設計的迪河鐵橋橫跨英國中西部的迪河之上，但這座鑄鐵製作的鐵道橋卻在火車通過時斷裂了，造成五人死亡的重大事故。從此以後，鐵道橋禁止使用鑄鐵製造。

取自：*The Illustrated London News*

熟鐵出現

這種既堅固又有韌性的鐵，其實原本是出於軍事目的，爲了製作更強固的大砲而進行開發研究。大砲如果採用易碎的鑄鐵製造，當爆發力增強時，大砲也會隨之爆破。因此，研究人員便想出一種方法，將高爐生產的含碳量較高的鑄鐵放進反射爐，以高溫將鑄鐵熔化，再以人力攪拌的方式除去鑄鐵裡面的碳，藉此產出柔軟又具有韌性的鐵。以這種方式製造出來的鐵既堅固又有韌性，也就是所謂的「熟鐵」。由於攪拌時是以人力使用船槳狀的棍棒作業，所以熟鐵也叫做「攪拌精煉鐵」。

幕府末期，不僅是中央幕府垂涎生產熟鐵的技術，各地藩屬如佐賀、水戶、長州、薩摩等，都很想習得這項技術。一八五〇年代，長州、薩摩和江戶灣內各地砲台設置的大砲，幾乎全都採用鑄鐵或青銅製造，但在培里率領黑船來日之前的一八五〇年，佐賀藩成功地利用反射爐產出了熟鐵，並且製成二十四磅加農砲。十幾年後，戊辰戰爭爆發時，參與戰役的火砲類已全部改用熟鐵製造的大砲，其中還包括最新式的阿姆斯壯大砲。

十九世紀中葉以後，歐美開始利用熟鐵製造鐵橋、船隻，和建築用的鋼筋。熟鐵時代一

佐賀藩反射爐遺跡。佐賀藩選定築地（現為佐賀市立日新小學所在地）建造反射爐，一八五〇年，這座反射爐在國內首次成功地產出熟鐵，並且用來製成大砲。之後，佐賀藩陸續向幕府獻上江戶灣內所有砲台所需的大砲，前後共計製造了兩百七十一門。[I]

用語解說—堅固又有韌性的鐵：鑄鐵缺少延展性，質地硬脆，容易碎裂，斷裂類型屬於脆性斷裂。跟延展性相反的性質叫做韌性。而同時具有延展性與韌性的建材則比硬脆的建材更堅固。

直持續到十九世紀末。日本在明治時代前期之前建設的鐵橋，幾乎都是從歐美進口的熟鐵橋。

不久，鋼的時代降臨了。由於英國發明了貝塞麥轉爐煉鋼法，十九世紀中葉以後，各地開始利用這種方式產鋼。一八六七年的巴黎萬國博覽會上，法國工程師馬丁公開發表平爐煉鋼法，之後，世界各地的鋼產量開始逐漸增加。鋼跟熟鐵的不同之處是，熟鐵幾乎完全不含碳，但鋼卻含有微量碳，所以鋼算是調整過韌性、強度、硬度的鐵合金。

從熟鐵到鋼

十九世紀後半的大約二十年之間，熟鐵與鋼曾經同時並存，但因爲鋼的技術不斷更新，而熟鐵的生產過程比較依靠人力，產量越來越難以趕上日益提高的需求量，所以熟鐵慢慢被時代淘汰了。但是像A．G．艾菲爾（一八三二～一九二三年）等橋梁技術專家當中，有些人比較不贊成以鋼代替熟鐵的做法。譬如像葡萄牙的瑪

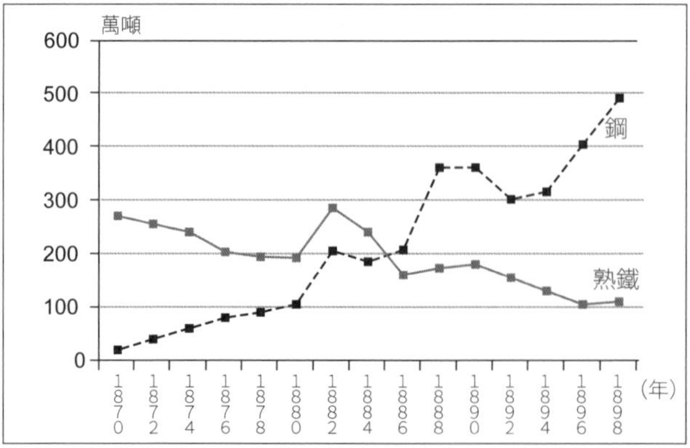

英國熟鐵與鋼生產量變動趨勢。從反射爐生產逐漸變為近代煉鋼法，其間的變化也在一八八〇年代引起製鐵廠的重新整合。
圖片來源：根據《鋼的時代（岩波新書）》（岩波書店，一九六四年）書中資料繪製

熟鐵拱橋的加拉比高架橋（法國，一八八四年）。全長五百六十四．六九公尺，橋拱跨徑一百六十五公尺。由艾菲爾設計，總共使用了熟鐵三千一百六十九噸，鋼四十一噸，六十八萬根鉚釘。（二〇一五年攝影）[I]

福斯鐵路橋（英國，一八九〇年，世界遺產）。總共使用鋼材五萬六千噸，是第一座名副其實的鋼橋。（二〇一五年攝影）[I]

麗亞皮亞橋（一八七七年），法國的加拉比高架橋（一八八四年完工，一八八五年通車）等當時的代表性橋梁，法國送給美國的自由女神像內部鐵架（一八八五年），還有艾菲爾鐵塔（一八八九年）等，全都採用熟鐵建造。這些建築也是熟鐵時代結束前留下的耀眼成果。

英國的鋼產量超過熟鐵產量是在一八八〇年代中葉，此後，兩者之間的差距迅速擴大，到了一八九〇年代，相對於每年一百八十萬噸的熟鐵產量，英國的鋼產量達到三百六十萬噸，已成爲熟鐵產量的一倍。

舊永代橋。一八九七年（明治三十年）建成的第一座鋼造道路橋，關東大地震的時候震毀，現已改建為系杆拱橋。土木學會附屬土木圖書館提供

神子畑鑄鐵橋（重要文化財）。兵庫縣神子畑礦山開始採礦後，設備漸趨完備，後來為了搬運礦石的馬車便於通行，而在一八八七年（明治二十年）建造了這座橋。這也是國內難得一見的鑄鐵橋。（二〇一五年攝影）[I]

英國第一座真正的鋼橋，是在一八九〇年，也就是艾菲爾鐵塔建成第二年通車的「福斯橋」。到了二十世紀以後，高強度的廉價鋼開始大量投入生產，鋼的地位在轉眼之間取代了熟鐵，並在世界各地普及起來。

日本的第一座鋼橋是一八八八年（明治二十一年）完工的東海道本線天龍川橋梁；第一座鋼造公路橋，則是一八九七年（明治三十年）架設在隅田川上的桁架橋，也就是舊「永代橋」。天龍川橋梁的部分橋身後來被改建為箱根登山鐵道的早川橋梁，至今仍在使用。

十八世紀末至十九世紀末的近一百年之間，鋼鐵材料經歷快速變化，很快就從鑄鐵、熟鐵進化到鋼的時代。日本則是從十九世紀後半才開始興建近代橋梁。所以說，除了神子畑鑄鐵橋等少數的例外，日本鐵橋史幾乎完全跳過鑄鐵時代，直接從第二幕的熟鐵時代開啓了序幕。

◎鐵材加工廠登場

鐵材製成大型建築物的建材，需要經過切斷、折彎、鍛造、打孔、組裝等各種加工過程，這些都不是日本的傳統技術。幕府末期，政府為了引進這些加工技術，首先從歐美購入了相關機械，還開設了造船廠。

明治時代以後，工部省不僅開設了公營工廠，又在新橋與神戶分別設置了鐵道局工廠。國內早期投入鐵橋製造的工廠有好幾家，工部省赤羽工作分局也是其中之一。一八七八年（明治十一年）架設在東京的舊「彈正橋」，就是這家工廠製造的國產橋。

赤羽工作分局位於今天的東京塔附近，原本是從前久留米藩的官邸。一八七一年（明治四年），由法國土木工程師L．F．佛羅倫（一八三〇～一九〇〇年）負責指揮，在這裡開設了一間製鐵寮。佛羅倫當年跟隨法國海軍技師維尼（一八三七～一九〇八年）等人一起來到日本，爲日本進行早期的燈塔建設工程，其中還包括觀音崎燈塔。

這座製鐵寮名副其實是以製鐵爲目的，但同時也是製造小型鐵器的鐵工廠。之後，爲了把它改建成爲加工鐵製部件的現代工廠，寮內又增添了

布朗東設在橫濱的燈塔寮（明治初期）。燈塔寮院內、實驗燈塔（上）、卸貨場（下）的碼頭與起重機。取自：《R. H. 布朗東　日本燈塔與橫濱建市之父》橫濱開港資料普及協會，一九九一年

許多設備。一八八三年（明治十六年）二月，製鐵寮移交給海軍接管，這時寮內已經按照各種類別設置了許多工廠，從製圖到轆轤、鍛冶、製罐（鋼筋加工）、打光等，製鐵寮當時已發展成擁有一百三十九種機械的近代工廠。

另一方面，工部省也在今天JR京濱東北線櫻木町車站前的地點設置了燈塔寮。一八六八年（慶應四年）八月R・H・布朗東來日，他前後花費了八年的時間，把燈塔寮打造成燈塔建設基地，同時也把燈塔寮建成足以承攬鐵材加工的近代工廠。燈塔寮從一八六八年（明治元年）十月開始動工興建，第二年七月首先建成了事務所的房舍。直到明治六年爲止，燈塔寮除了擴大規模，還建造了一座實驗性紅磚燈塔。此外，譬如像日本國內第二座鐵橋，以及第一座桁架橋「吉田橋」，應該都是在這裡製造完成的。

◎國內生產的第一步

從鐵道橋起步

日本國內製造鐵橋的步驟最先是從構造簡單的桁橋著手，然後才逐漸擴大範圍。新橋・橫濱之間的鐵路開通之前，政府先在一八七一年（明治四年）開設了新橋工廠，主要業務是對火車頭進行修理與保養，新橋工廠的下屬單位六鄉川岸分廠從一八七八年（明治十一年）開始製作桁橋，但所需要的熟鐵材料全從英國進口。一八七四年（明治七年）神戶・大阪之間的鐵路開始動工時，政府同時也開設了神戶工廠，並從一八七七年起，在廠裡製作一座新的桁橋，準備用來替換神戶・大阪之間的木橋。

明治後期，日本的鐵道橋受到美式影響，格點結構*也從英式的鉚接*改爲樞接*。從這時開始，國內製作鐵道橋的任務漸漸分散到民間工廠，國產橋梁的數量從此逐漸增加。日本最後一次架設進口鐵道橋，是從一九一二年（大正元年）至一九一四年（大正三年）興建的美國製陸羽線桁架橋。

民間工廠的第一步

明治時代發展近代工業的過程是，首先由政府根據國策從國外引進現代技術，然後把技術轉讓給民間企業，藉此提高國內的產業能力。譬如像造船、橋梁等鐵材加工業方面，也是以同樣方式走上發展之路。

一八八四年（明治十七年），政府將長崎造船廠交給三菱郵便汽船公司接辦，一八八七年（明治二十年），這家民間工廠成爲政府轉讓技術的對象。一八九三年（明治二十六年），工廠改名爲「三菱合資公司三菱造船廠」。之後，隨著設備不斷擴張，這家工廠陸續建造了許多鋼船，而在明治時代結束之前，除了船舶之外，這座造船廠同時也在製造陸用蒸汽機、引擎、機械，鐵橋與住宅用鋼筋等各種產品。

此外，還有一家橋梁相關企業也跟長崎造船廠一樣，被政府指定為技術轉讓對象，那就是「株式會社東京石川島造船廠」。一八七六年（明治九年），政府在東京石川島設立平野造船廠，後來爲了擴張規模，便採取當時橫須賀製鐵廠的模式，於一八七九年（明治十二年）開始向石川口海軍製鐵廠接受技術轉讓。石川口製鐵廠也就是從前海軍省管轄下的橫濱製鐵廠。平野造船廠不但製造機械、船舶機械，還爲橫濱製作了「都橋」（桁架橋，橋長二十二・二公尺，一八八四年）。這座橋也是日本民間工廠製造的第一座大橋。

石川口製鐵廠於一八八四年（明治十七年）關閉，工廠的設備與機械全部搬遷到東京石川島。之後，東京石川島造船廠除了製作船舶，也在各地陸續建造了許多橋梁，譬如橫濱港大江橋（板桁橋，橋長五十・九公尺，一八八六年）、舊吾妻橋（桁架橋，跨徑：四十八・八公尺，一八八七年）、御茶之水橋（桁架橋，橋長：六十九・八公尺，一八八九年）、廐橋（桁架橋，跨徑：六十・八公尺，一八九三年）、湊橋（桁架橋，跨徑：三十二・九公尺，一八九五年）、永代橋（桁架橋，跨徑：六十七・四公尺，一九〇七年）等，石川島造船廠並因而樹立了民間鐵橋製造先驅的地位。

石川島造船廠建造都橋與大江橋的過程中，累積了相當的經驗，接著又從英國進口熟鐵，著手製造舊吾妻橋，工程規模極爲龐大，全部進口材料的重量超過三百四十噸以上。

用語解說——**格點結構**：組成桁架橋的垂直、水平、斜線等各部件結合處的結構。
鉚接：連接格點的方式。先在格點的連接板上鑽孔，將鉚釘鑽入孔內，利用釘帽的固定效果完成格點的塑性變形。也叫「剛接」。
樞接：連接格點的工法。用一根軸將各部件貫穿起來，部件在軸的周圍可以轉動。

一八七八年（明治十一年），川崎造船廠在緊鄰石川島造船廠的東京築地成立，一八八〇年（明治十三年），政府指定川崎造船廠成爲技術轉讓的對象，同時還在兵庫設立了另一座造船廠，開始製造船舶、船用機械。就在這一年，大阪鐵工廠（現在的「日立造船」）也開業投入生產。明治時代結束之前，川崎造船廠已經發展成爲頗具規模的民間橋梁建造公司，地位跟石川島造船廠並駕齊驅，除了東京山手線的「鍛冶橋」、「吳服橋」之外，川崎造船廠還建造了第一與第二有樂橋鐵道橋（板桁橋／橋墩，一九〇九年）。

明治後期至大正、昭和初期，除了造船相關的工廠外，民間也設立了許多專業的造橋公司。譬如一九〇六年（明治三十九年）創立的橫河橋梁製作所，一九〇八年（明治四十一年）創立的宮地鐵工廠，一九一四年（大正三年）創立的清水組鐵工部，這座工廠也就是東京鋼筋橋梁製作所的前身。另外還有一九一九年（大正八年）創立的日本橋梁株式會社，一九二六年（大正十五年）創立的駒井喜商店，一九三〇年（昭和五年）創立的松尾鐵管橋梁，也就是松尾商店的前身。

鍛冶橋架道橋。由川崎造船廠製作，一九一〇年（明治四十三年）建造，現在仍是東京山手線、京濱東北線的架道橋。[I]

舊吾妻橋（一八八七年）。造橋使用的熟鐵是從英國進口，然後由東京石川島造船廠負責製作。土木學會附屬土木圖書館提供

◎製鐵技術的開端

最艱難的製鐵技術

日本工業的近代化過程中，所有引進技術當中最落後的一項，就是獨立的製鐵技術。即使在鐵橋完成國產化之後，日本仍然非常依賴進口材料。直到二十世紀以後，日本的製鐵相關產業才算站穩了腳步。

一八七四年（明治七年），負責引進製鐵技術的工部省在釜石礦山、中小坂礦山展開任務，邀請J．G．高佛萊與W．J．卡斯里等英國技師擔任技術指導，英國留學歸來的山田純安擔任主任技師，總共裝置了兩座日產量二十五噸的高爐，十二座攪煉爐，兩座蒸汽錘。一八八〇年（明治十三年）九月，礦山開始製造生鐵。不過，製鐵過程再三遭遇挫折，最後不得不在一八八二年（明治十五年）關閉礦山，日本的官營製鐵事業因而受到重挫。

釜石礦山田中製鐵廠利用焦炭煉鐵。（一八九四年）

另一方面，停產的釜石礦山後來被田中長兵衛收購，一八八五年（明治十八年），田中在新工廠裡面建設了小型高爐，利用木炭作爲燃料。第二年，工廠試製生鐵成功，並因而創設釜石礦山田中製鐵廠。一八九四年（明治二十七年），廠裡的小型高爐改用焦煤製造生鐵，同樣也獲得了成果。田中製鐵廠也是日本第一家利用近代高爐製造生鐵成功的工廠。

製鋼技術

日本的製鋼技術最早為了配合武器、船艦的需要，由陸海軍工廠於一八八二年（明治十五年）在築地海軍兵器局採用克虜伯式坩堝進行製鋼試驗。一八九〇年（明治二十三年），橫須賀海軍工廠設置了法式西門子平爐，採用重油為燃料，從此解決了大量生產技術的瓶頸。一八九二年（明治二十五年），吳海軍工廠設置一座三·五噸酸性平爐，開始針對船艦的需求展開鑄鋼作業。另一方面，陸軍的大阪砲兵工廠也從一八八九年（明治二十二年）投入製鋼任務，最先使用坩堝，第二年改為小型酸性平爐。

陸海軍成為技術轉移的重心後，日本的製鋼業很快就向世界水準靠攏，但是小型高爐製造的生鐵量，卻始終無法滿足國內的需求，而不得不依靠國外進口。一八八九年（明治二十二年）的國內生鐵自給率仍然不到百分之二十，除了以橋梁為主的機械類之外，其他工業製品也都必須依靠進口的鐵材。

八幡製鐵廠開工

國內的生鐵製造踏入正軌，是在八幡製鐵廠開始投入生產之後。一八九七年（明治三十年）

六月，八幡製鐵廠動工興建廠房，一九〇一年，第一高爐正式點火，從此展開製造生鐵的作業。最初計畫的生產規模是年產量六萬噸，但因爲一九〇六年發生日俄戰爭，生鐵的需求量大增，所以在一九〇六年將年產量修正爲十八萬噸，一九一一年又再度修正爲年產量三十五萬噸。一九〇七年，國內第一艘戰艦「安藝」在吳海軍工廠竣工，建造這艘戰艦所需的全部鋼材，都是八幡製鐵廠提供的。從這時起，八幡製鐵廠除了提供造船所需的鋼材外，也開始逐步提供鐵道、建築、橋梁等各類鋼材。

八幡製鐵廠的生產走上軌道之後，民間也紛紛著手設立製鐵廠。一九〇一年（明治三十四年），住友鑄鋼廠收購日本鑄鋼廠後開始投入生產；一九一一年，神戶製鋼廠也在收購小林製鋼廠之後正式開工；一九〇七年，英國與日本共同出資在室蘭設立了日本製鋼廠。另外，川崎造船廠雖是一八九六年就已創立的機構，這時也在兵庫廠房內成立了製鋼所，開始進行中型壓延業務。一九一二年，日本鋼管（現在的ＪＦＥ）創業。

直到二十世紀初，日本才終於能夠利用本國生產的鐵和獨創的技術，開始製造鐵船與鐵橋。這項產業革命總共耗費了半個世紀才獲得成果，其中也包含了幕府末期的努力。鐵橋建設技術只是浮出水面的冰山一角，其他眾多相關企業的創設與產業的研發，則相當於水面下的冰山，如果缺少這個部分，日本的鐵橋建設技術不可能獲得上述的成就。

舊「日本鋼管」的湯馬斯轉爐（川崎市等等力博物館收藏）。一九三七年（昭和十二年引進後，一直到戰後的一九五七年（昭和三十二年）始終都在日本鋼管京濱製鐵廠運轉。[I]

混凝土高架橋

◎混凝土的起源

曾經流行過一句宣傳標語：「把買混凝土的錢花在人身上。」或許，這句話是想把產自礦物的無機物，跟有機物的活人連在一起，進而讓人形成這種印象：混凝土及其相關事業的時代已經結束了。然而，假設混凝土從我們身邊所有的場所與機關建築消失的話，大家肯定立刻認爲人類社會也消滅了吧。

過去一個多世紀以來，鋼與混凝土化身爲橋梁、水壩等各種形態，成爲社會基礎建設最重要的素材，這些基礎建設對人類生活的影響也最爲深遠。時至今日，我們仍可在社會的各個角落，親身體認混凝土與鋼所扮演的角色，

混凝土在近代已成爲可以任意塑造外型的人工石材。人類剛開始使用混凝土的時候，只是把它當成填補建材縫隙的充填劑，到了明治中期以後，混凝土才單獨用在製作建築的基礎結構。後來，明治時代的日本技術人員又發現，如果加入鋼筋補強的話，混凝土也很適合用來建造各種建築物。當時那些技術人員的天真樂觀實在令人佩服啊。

日本的鋼鐵資源大部分需要依靠國外進口，而國內卻能生產大量石灰，爲了能更經濟地建造橋梁等社會基礎建設，國內對混凝土懷抱著極大的期待，因爲混凝土的主要材料就是石灰。

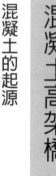

而且技術人員願意積極研發混凝土的另一個理由，是因爲當時歐洲才剛開始使用混凝土，這項技術還有很大的開發空間。

混凝土的主要材料矽酸鹽水泥，是歐洲在一八四四年發明的。而日本的近代化則是在十九世紀後期，從日本引進西歐的技術之後才開始的。對日本來說，以鐵材建造建築物的技術，歐美已有近百年的實績，日本只能單方面地全盤接收。但是混凝土還是正在發展的技術，也是日本能夠急起直追歐美的一門技術。

混凝土是由沙子、礫石、水泥加水混合後構成的物質，水泥加水後產生水和反應，能夠結合混入其中的沙子、礫石，最後凝結爲液態物體。明治到昭和初期，日文是以漢字「混凝土」表示這種材料（現在則以片假名コンクリート〔concrete〕表示）。水泥最早在古羅馬曾有人使用過，但後來一直到近代，都不再有人拿來利用。

日本最早使用水泥，是在幕府末期用水泥興建燈塔。

混凝土的做法

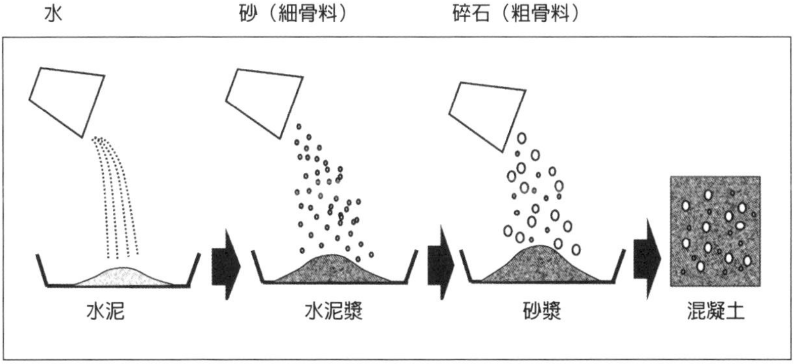

當時水泥在歐洲派上用場才過了二十年，日本便很快地起而仿效。除了燈塔之外，日本也用水泥建造建築物，譬如建造洋式房屋，就需要從歐洲進口玻璃板和水泥。日本早期建設鐵道所需的鐵、紅磚，以及水泥，全都要仰仗進口。

國內的水泥生產始於一八七一年（明治四年），這一年，位於深川清住町的深川水泥製作所正式設立。一八七四年（明治七年），深川水泥製作所改名為深川工作分局，並以循序漸進的方式增加生產量。然而，生產量始終無法滿足國內的需求量，所以暫時仍然需要仰仗歐洲進口。不過，到了明治二十年代末，日本的水泥生產量不僅超過了國內的需求量，甚至還開始向國外輸出。水泥也是日本最早出口的工業製品。

◎第一座鋼筋混凝土橋

到了明治中期，建築物本體也開始使用混凝土建造，而且像防波堤、護岸、橋基、橋墩、水壩等重力式建築物，以及隧道側壁等，即使使用混凝土建造也不必另外添加鋼筋。

混凝土跟石材一樣，抗拒壓縮力的能力很強，但是對抗拉扯力的能力卻十分脆弱。而鋼鐵卻能抗拒拉扯力，所以混凝土跟鋼筋混合使用，能為建築物帶來優良的構造特性，這項混合產物就是鋼筋混凝土。

混凝土利用鋼筋補強的技術，最早是十九世紀中葉的法國發明的。一八六七年，有個法國人在混凝土花盆裡加進了鐵絲網，這種補強方式後來獲得了專利。於是住宅、船隻等都紛紛開始使用鋼筋混凝土製造。

世界上第一座鋼筋混凝土橋，是一八七三年建於法國的一座拱橋，橋長十五．六公尺，橋寬四．二公尺。二十八年後的一九〇三年（明治三十六年），日本也在琵琶湖疏濬道的山科運河上架設了國內第一座鋼筋混凝土橋，橋名叫做「日之岡第十一號橋」，長度爲七．五公尺，寬度約一．二公尺。

◎漸受重視的鋼筋混凝土

十九世紀末至二十世紀這段時期，日本國內對於鋼筋混凝土極感興趣，國內的技術人員非常留意歐美鋼筋混凝土的技術發展動向。雖說明治初年以來，歐美對於鋼筋混凝土已經擁有足夠的實績，但日本的關注並不是爲了引進技術，而是站在技術開發的角度，探索日本的可能性。

明治後期派往歐美留學或考察的學者專家曾把各地的鋼筋混凝土技術趨勢傳回國內。土木學會還舉辦有關鋼筋混凝土技術的演講。我們今天從當時的演講紀錄掌握了演講內容，以及與會者熱烈討論的情形，同時也能體會當時那些技術人員充滿熱情，人人都企圖把握技術發展的動向。

當時東京帝國大學工學部也曾開設鋼筋混凝土講座，一九〇六年（明治三十九年）還出版了日本第一本鋼筋混凝土的教科書《鋼筋混凝土》（井上秀二著）。

◎從歐美引進混凝土相關情報

一九〇四年（明治三十七年），國內第一座鋼筋混凝土拱橋，也就是日之岡第十號橋，架設在日之岡第十一號橋的上游約數百公尺的地點，這個位置剛好就在天智天皇陵寢的後門附近。兩座橋目前都在原址，第十號橋曾因支點附近的拱側出現裂痕，進行過修補工程，還加裝了鐵管欄杆。即使到了今天，我們仍能欣賞到它外型優雅的橋拱，看來就像古代的護手甲冑（多心拱）。

明治後期，國內宣揚歐美鋼筋混凝土技術的眾多傳道者當中，有個人叫做直木倫太郎（一八七六～一九四三年）。直木在

日之岡第十號橋（京都市山科區）。一九〇四年（明治三十七年）建造，國內第一座鋼筋混凝土拱橋。（二〇一六年攝影）[I]

後來發生的關東大地震災後重建活動裡擔任過指揮官，當時的內務大臣後藤新平聘請他擔任復興局的局長。直木倫太郎大學畢業後，曾在東京市府任職，兩年後，一九〇一年（明治三十四年）八月，他被派往歐美進行港灣調查，直至一九〇三年（明治三十六年）十二月，前後曾在歐美待了兩年又幾個月，當時他只是二十六、七歲的年輕工程師。

直木被派往歐美遊學的主要目的，是針對港灣計畫做調查。回國之後，他將自己主管的港灣調查爲題，寫成了《東京建港的意見書》，並於一九〇四年（明治三十七年）交給東京市參事會的尾崎行雄市長。

直木進行港灣計畫調查的同時，也在歐洲考察鋼筋混凝土的

「戰前土木名著一百本」（土木學會）當中有關混凝土的技術書

No.	書名	作者	發行者	發行年
1	鋼筋混凝土	井上 秀二	丸善	1906年
2	土木施工法（第三章混凝土）	鶴見一之 草間偉瑳武	丸善	1912年
3	土木工學中卷（第六編混凝土）	川口虎雄等	丸善	1916年
4	鋼筋混凝土之理論及其應用上•中•下卷	日比忠彥	丸善	1916年～1922年
5	鋼筋混凝土工學	阿部美樹志	丸善	1916年
6	鋼拱橋及鋼筋混凝土拱橋	二見鏡三郎	工學社	1917年
7	最近上水道	森慶三郎	丸善	1923年
8	鋼筋混凝土設計法	吉田德次郎	養賢堂	1932年
9	土木施工法—土工•基礎工•混凝土工	谷口三郎	常磐書房	1933年
10	鋼筋混寧土裡論	福田武雄	山海堂	1934年
11	土木工學口袋書上卷（第八編混凝土及鋼筋混凝土）	土木工學口袋書編輯會編	山海堂	1936年
12	混凝土及鋼筋混凝土施工法	吉田德次郎	丸善	1942年

明治末年至大正、昭和初年，有關鋼筋混凝土的書籍陸續出版，「戰前土木名著一百本」之中，有關混凝土的書籍共有十二本。

技術趨勢。當時土木建築界選用鋼筋混凝土當作建材的事例急速增加，直木便以防波堤等港灣領域的事例爲對象，蒐集了詳細資料，並且對實際的建築與工程等進行考察。

一九〇四年（明治三十七年），直木在土木學會以「鋼筋混凝土在海事工程方面的應用」爲題舉行演講，發表了自己的調查成果。這次演講的內容後來也刊載在《工學會誌二七〇號》（一九〇五年一月）。此外，直木又以〈鋼筋混凝土的價值〉爲題，在工學會誌上介紹歐美鋼筋混凝土技術現況與技術特點（《工學會誌二七二號》一九〇五年三月，《同誌二七三號》同年四月，《同誌二七六號》同年七月）。

鋼筋混凝土技術是當時國內土木界各種領域一致關注的課題，直木倫太郎在文章裡就歐美技術的適用性、理論、施工及工法的特性等進行分析，同時提出建言指出，從發展土木技術的角度來看，日本應該積極引進鋼筋混凝土技術。

直木在歐美遊學期間累積了相當的見聞，他認爲，鋼筋混凝土在所有土木工程領域中都能代替鐵材。他並在文章裡主張，日本應該積極從事鋼筋混凝土的開發：

「我國雖然鐵材產量不足，卻擁有適於各種用途且能代替鐵材的水泥，如何利用產量豐富的水泥研發新工法，並在全國普及推行？這個問題不僅跟國家經濟利益息息相關，也影響各項建設的經濟得失，實在是非常重要的課題，更重要的是，水泥的用途受到推廣後，土木、建築兩個行業幾乎全都需要水泥，水泥的價值必將顯著提高，水泥亦將取代鐵材及其他各種建材，彌補其他建材造成的不利狀況。」

直木首先指出鋼筋混凝土的優點，它不僅適用於土木建築領域，也是能夠代替昂貴鐵材的高強度材料，具有經濟性，像日本這種鐵材生產量稀少的國家，鋼筋混凝土建築是極爲經濟的工法。

直木強烈推薦引進鋼筋混凝土技術的理由，是因爲這門技術正在發展路上，他認爲日本也有機會參與開發這門技術。直木在文章裡也從這個角度提出了自己的看法：

「……今天的鋼筋混凝土只能算是半成品，距離發展成熟的階段，還有一段發展空間。因此，對我國的工學界來說，我們應該善用這種機會，進行理論研究，改善施工方式，研發新方法，探討新用途，懷抱深厚的興趣，思考如何刺激業界，舉辦各種活動，利用各種場合，大量開採這種特殊材料，以其經濟優勢為它賦予新生命。而事實上，這也是現今工學界十分關注鋼筋混凝土的相關應用與研究的理由。」

由於歐美的鋼筋混凝土技術的研發仍處於開發中狀態，直木認爲，日本如能參與研發工作，就能趁機擺脫日本土木技術落後的狀況，因爲從明治初期以來，日本一直只能片面地引進歐美早已完成研發的技術。

明治後期到明治末年，日本引進鋼筋混凝土的技術知識後，經過自行理解、研發等步驟，才能在大正到昭和時期開花結果。一九一四年（大正三年），日本首先在鐵道領域制定了「鋼筋混凝土橋梁設計準則」，有了這項規定，再加上之後訂定的標準設計，日本的鋼筋混凝土橋的實務技術的準備工作總算大功告成。

◎鋼筋混凝土技術的實踐

事實上，日本後來根據上述準則開通的鐵路新路線當中，有些鐵道拱橋或高架剛構橋*建造得非常出色，譬如東京·御茶之水之間（一九一八年）和神田·上野之間（一九二五年）的鋼筋混凝土橋，可說是這類橋梁的先驅。時代進入昭和之後，日本又建造了許多代表性的鋼筋混凝土連續高架橋，譬如大阪臨港線高架橋（一九二八年）、橫濱鶴見臨港鐵道鶴見·國道之間的高架橋（一九三〇年）、東海道本縣三之宮·神戶之間的高架橋（一九三一年）、總武線御茶之水·兩國之間的高架橋（一九三二年）、山陰本線須佐·荻之間的惣

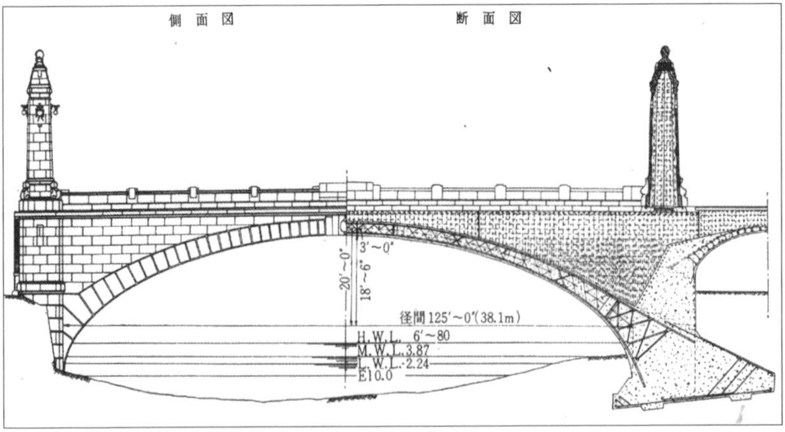

東京 · 御茶之水之間的外濠拱橋橋面圖。取自：《日本土木史大正元年～昭和十五年》土木學會，一九六五年

用語解說——剛構橋：橋桁與橋腳（或橋墩）構成剛性結構的建構形式。原文來自德文 Rahmen，即建構之意。

神田．上野之間的神田川拱橋。一九二五年（大正十四年）完工。（二〇一六年攝影）[I]

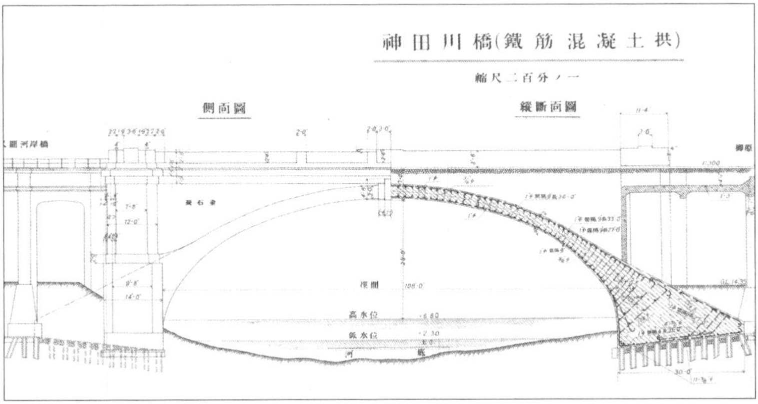

神田．上野之間的神田川拱橋橋面圖。取自：《東京市街高架線東京上野之間建設概要》鐵道省，一九二五年

鄉川橋梁（一九三二年）、土讚線安和・土佐新莊之間的第二領地橋梁（一九三八年）等等。

外濠拱橋、神田川拱橋

大正初年，第一次世界大戰引起鋼材不足的問題越來越嚴重，主管機關對於跨徑較長的鋼筋混凝土拱橋不再爲難阻止。一九一八年（大正七年），東京・御茶之水之間建了一座外濠拱橋，這座鋼筋混凝土橋一連三個跨徑，每個跨徑長達三十八・一公尺。外型設計得非常精緻，充滿厚重感，表面貼上花崗岩，四角各有一根高達十公尺的主柱，這座橋至今仍在擔負運輸任務，東京的山手線就從這座橋上通過。但因爲橋身的位置在東京車站通往神田的途中，也就是越過日本橋川的地點，現在橋身上方被沿河前進的首都高速公路覆蓋，後來架設的中央線則從靠近東京車站丸之內的部分通過，原本作爲象徵的四根主柱早已拆除，目前這座橋幾乎處於完全不見天日的狀態。

神田・上野之間也在一九二五年（大正十四年）建造了神田川拱橋。這也是一座鋼筋混凝土橋，跨徑長達三十二・九公尺。如果大家站在秋葉原的「萬世橋」上朝向下游瞭望，就能看到載著山手線越過神田川的神田川拱橋。這座鋼筋混凝土拱橋與外濠拱橋的設計與施工，全都完成於大正年間，顯然日本當時建造鋼筋混凝土橋的技術水準已經能跟歐美並駕齊驅了。

橫濱鶴見線高架橋。一九二六年（大正十五年）完工。（二〇一〇年攝影）[I]

橫濱鶴見線高架橋

日本第一座跟道路立體交叉的鐵道高架橋，是山手線新橋・有樂町附近的紅磚拱橋。而最早採用鋼筋混凝土建造的鐵道高架橋，則位於橫濱鶴見線的臨港鐵道上。

今天的JR鶴見線鶴見車站裡，地面一樓是京濱東北線的月台，月台的上面一層，也就是二樓靠近山邊位置的月台，建成了港灣式月台。鶴見線電車從鶴見車站出發後，跟京濱東北線一起沿著山邊朝橫濱方向前進，鶴見線經過總持寺前方後，立即越過京濱東北線與東海道線的上方，順著弧形軌道向海邊駛去。這段跟京濱東北線、東海道本線平行的區間軌道與下一站國道車站附近，建了一座鋼筋混凝土高架橋。

這座高架橋採用數根鋼筋混凝土橋柱並

列的建構方式，這種方式在現在的新幹線和在來線都很常見，但是這種建法的真正元祖，就是這座鶴見線的高架橋。鶴見線是在一九二六年（大正十五年）開通，鶴見臨港鐵道從濱川崎車站到弁天橋車站之間的距離爲三・五公里，除了鶴見線之外，另外還有一段長達數公里的支線專供貨車使用。

臨港鐵道的沿線有許多相關工廠，譬如像日本鋼管鶴見製鐵廠（現在的「JFE工程公司」）、淺野造船廠（現在的「宇宙造船公司」）、芝浦製作所（現在的「東芝」）等，足證鶴見線是京濱工業地帶的動脈。

鶴見線跟京濱東北線連成一線，是在一九三〇年（昭和五年）。鶴見線剛開通時，鶴見車站只是臨時車站，位置大約在今天的站址前方一百公尺。鶴見線在戰後才變成旅客專用鐵路，路線的任務從貨運變成輸送前往京濱工業區的旅客。列車從鶴見車站出發後，經由東海道本線、京濱東北線，然後到達國道車站，這段區間一連建造好幾座高架橋，橋下充滿了往日的懷舊氣息。

通往國道車站的橫濱鶴見線高架橋下。（二〇一〇年攝影）[I]

御茶之水・兩國之間的高架橋

中央線與總武線連成一線後，爲了便於乘客轉乘京濱東北線，所以建造了御茶之水車站。從御茶之水車站經由秋葉原車站，直到兩國車站，是一段長達三・六公里的高架橋。這段路程中除了幾座鋼橋外，幾乎全都是高達十四至十六公尺的鋼筋混凝土剛構橋或拱橋結構的高架橋。這幾座鋼橋包括：剛構橋腳支撐的神田川橋梁、秋葉原車站附近的國內首座複線用系杆拱橋的松住町架道橋、昭和通架道橋、朗格爾式橋桁＊的隅田川橋梁等。

從御茶之水前往秋葉原的途中，越過鋼造系杆拱橋的地點正好也是旅籠町高架橋的入口，這座連續拱橋結構的高架橋全長一百五十一公尺。橋桁下方現在住滿了居民，

用語解說— 朗格爾式橋桁：一種拱橋形式。拱肋只負責承擔軸向力。

旅籠町橋

旅籠町高架橋（御茶之水・秋葉原之間）。取自：《御茶之水・兩國之間高架線建設概要》鐵道省，一九三二年

現在的旅籠町高架橋。（二〇一〇年攝影）[I]

秋葉原車站西口橋梁。現在因為周圍的商業建築林立，看不到整座高架橋的外觀。取自：《御茶之水 · 兩國之間高架線建設概要》鐵道省，一九三二年

已無法欣賞往日的連續拱橋全景。

我們在上述這段路線與整座高架橋上看到的是，建成近九十年的混凝土表面已漸老化，橋桁下方擠滿了商店與招牌、電線、標誌等物體。混凝土與桁下的居酒屋之類商業設施融爲一體，共同編織出雜亂與某種和諧。社會基礎設施與商業設施聯手製造的這種所謂「高架橋下」的獨特氣氛，不論在歐美各國或是亞洲其他國家，絕對看不到，只有在亞洲較早進行社會基礎建設的日本城市，才會出現這種景象。不論今昔，街頭庶民的生活總是跟這座鋼筋混凝土高架橋密不可分。

秋葉原車站靠近御茶之水方向的高架橋，是鋼筋混凝土連續剛構橋*結構的秋葉原車站西口橋梁，橋長一百一十八公

用語解說——連續剛構橋（高架橋）：由兩座以上的剛構橋連續組成的結構（高架橋）形式。

竣工時的佐久間町橋梁。取自：《御茶之水 · 兩國之間高架線建設概要》鐵道省，一九三二年

現在的佐久間橋梁。（二〇一六年攝影）[I]

竣工時的淺草橋車站（連續剛構橋）。取自：《御茶之水 · 兩國高架線之間建設概要》鐵道省，一九三二年

現在的淺草橋車站（連續剛構橋）。（二〇一六年攝影）[I]

尺。現在也因為兩側緊鄰各種商業設施的建築物，已經無法看清高架橋的側面。秋葉原車站東側到昭和通的這段路線，同樣也是連續剛構高架橋。

昭和通駛向淺草橋車站的區間長度為二百八十五公尺，這段連續拱橋高架橋叫做「佐久間町橋梁」。現在這段高架橋的桁下也擠滿了各式餐飲店之類的建築，所以連續的圓弧狀拱橋也就無法一窺全貌了。過了這段連續拱橋後，直到下一站的淺草橋車站為止，這段四百公尺左右的線路是一段連續剛構結構的高架橋，中間還夾雜了其他幾座橋桁。

山陰本線須佐・荻間惣鄉川橋梁

惣鄉川橋梁位於山口縣日本海沿岸

山陰本線須佐・荻間惣鄉川橋梁。（二〇〇八年攝影）[I]

的山陰本線之上，在山口、島根兩縣交界處擔負起跨越白須川河口的任務，橋長一百八十九公尺，是一座鋼筋混凝土高架橋。這座高架橋行駛的鐵道區間，也是山陰本線的最終建設區間，建設工程始於一九三一年（昭和六年），首先建築橋墩基礎，第二年全部竣工。

這座高架橋採取二層三跨徑的連續剛性結構，只有格狀的支撐，而不加入斜向部材。同樣也採用這種新型構造的高架橋，還有鶴見線，和御茶之水・秋葉原之間的高架橋。這種現象主要來自時代背景因素，因爲昭和初期的建設材料與施工技術都很發達，再加上設計技術的進步，才有能力進行這種複雜的結構計算。

今天大家看到的惣鄉川橋梁，支撐橋身的橋墩底部微微向外伸展，橋身畫著柔和的弧線從白須川河口橫越而過。

第二領地橋梁

一九三八年（昭和十三年）建成的第二領地橋梁，位於土讚線安和・土佐新莊之間，是國內首座鋼筋混凝土空腹拱橋式高架橋。所謂的空腹拱橋，是把橋拱與路面之間的拱肩部分挖成空洞的拱橋形式。

這座高架陸橋其實並不是爲了跨越河川、道路之類障礙物而建，而是因爲附近的山地過於逼近海岸線，所以才讓鐵道經由這座高架橋緊貼海灣內陸突起的山坡前進。

全部橋長約一百零八公尺，靠近高知縣那端是一座三個跨徑的拱橋，每個跨徑長度二十五公尺，第四個跨徑則造成一座斜柱剛構橋*。

因爲第四個跨徑若跟其他三個跨徑一樣做成拱橋，就必須把跨徑中央附近的岩石斜面削成極陡的斜坡，爲了避免這種狀況出現，所以第四個跨徑被做成斜柱剛構橋。

這座高架拱橋的跨徑爲二十五公尺，矢高卻有七公尺，橋拱的曲線呈現柔和的拋物線，剛好跟背後緊貼橋身的險峻斜坡形成鮮明的對比。

用語解說——斜柱剛構橋：由傾斜的橋墩（橋柱）連接橋桁組成的剛構橋結構。

第二領地橋梁（土讚線，一九三八年通車）。日本首座鋼筋混凝土空腹高架拱橋。（二〇一五年攝影）[I]

【橋梁趣聞】東京日本橋川的一號橋「豐海橋」

隅田川的每條支流最靠近下游的橋，都是那條支流的一號橋。日本橋川的「豐海橋」就是日本橋川的一號橋。日本橋川在總武線水道橋車站附近從神田川分流出來之後，順著首都高速公路高架橋的桁下向前奔流，一直流到永代橋附近注入隅田川，前後距離約四公里。而豐海橋架設的地點，就在日本橋川即將流入隅田川的位置。豐海橋相當於日本橋川的玄關，似乎在向大川（隅田川）強調日本橋川的存在。

第一代豐海橋於一六九八年（元祿十一年）建成，這座木造橋跟隅田川的永代橋大約都在同一時期完工。數年後，為藩主復仇的赤穗義士從現在緊鄰JR兩國車站南邊的吉良府第，奔赴高輪的泉岳寺，一路上，他們先後越過了永代橋和豐海橋。

豐海橋的橋梁形式被稱為空腹橋梁。[I]

隅田川看上到的豐海橋。[I]

豐海橋的周邊車水馬龍，行人如織，裝載各地產物的船隻從江戶灣順流而上，越過豐海橋的桁下，繼續朝向日本橋附近比肩相鄰的批發商倉庫前進。民眾在對岸的深川八幡參拜神明之後，越過永代橋、豐海橋，漫步於大川的河濱。

據說平岩弓枝的原作改編的時代劇《御宿翠鳥》，故事舞台就在這座豐海橋邊。而在池波正太郎的小說《鬼平犯科帳》裡面，負責江戶治安的番所與下級官吏的同心，都是在豐海橋北邊橋頭附近登場的。

現在的豐海橋是一座鋼橋，大正末年開始動工，一九二七年（昭和二年）建成，橋長四十六．三公尺，橋寬八公尺，其中包括建在一側的步道。這座鋼橋最大的特徵是它的鐵格狀結構，這種結構叫做「空腹橋梁」，外觀看來很單純，跟三角形為基調的桁架橋大不相同。而建材也相對地顯得比較粗壯，給人帶來厚重的感覺。

豐海橋的橋頭有一座石碑。[I]

傳說與物語

5

立山信仰的布橋橫跨在山谷之間。提供：富山縣

我們的身邊總是隨時都能看到橋梁，橋梁已經成為人類日常生活的舞台。除了扮演連結隔離地區的物理性角色之外，橋梁也被視為意識上的連結，或是隔絕、分界、區隔的象徵。

規模龐大的橋梁外觀會給我們的身心兩面帶來巨大影響。只要有橋梁的地方，就有人群聚集，並在橋梁周圍創造歷史，製造故事。而我們經由傳說、迷信，或小說裡的橋梁，也可體會日本人對橋梁的認知。

在這一章裡，讓我們從夏目漱石的小說當中選讀一些與橋梁有關的片段，或經由古代的傳說、迷信，以及有關橋梁的史實，深入理解日本或日本人對橋梁抱持的看法。

夏目漱石的小說與橋

◎《倫敦塔》裡的倫敦塔橋

《倫敦塔》是夏目漱石的作品，雖然小說的主題並不是寫這座橋，但作者站在倫敦橋的角度進行敘事，藉此強調橋梁形象的寫法卻很有趣，下面就讓我們一起欣賞這部短篇小說《倫敦塔》。

眾所周知，橋梁是物理的連結物，它能夠越過障礙連向其他地點。橋梁架設完成後，上述兩種地點就能連在一起，所以橋梁也是對抗兩地分隔的一種手段。我們甚至可以反過來看，架橋的地方就是被隔絕的地方，或性質相異的地方，架橋能夠加強這種印象的效果。譬如神社的橋跟鳥居一樣，都是一種結界，也是區分聖俗領域的分界線；再如日本傳統的大和繪畫卷裡出現複數的場景時，經常採用朦朧細長的「雲霞」當作區隔；或者像日本傳統住宅的紙門或紙窗、凹間地板跟地面之間的高度差，也都是表達區隔之意。而橋梁

從泰晤士河南岸望見對岸的倫敦塔橋。照片左端是倫敦塔。（二〇一六年攝影）[I]

所象徵的區隔不僅限於空間，有時也適用於時間，而且被看成是意識飛躍的舞台空間。

我們在漱石的短篇小說《倫敦塔》所描寫的倫敦塔橋上，也看到了這種象徵含意。

夏目漱石曾在維多利亞王朝末期的倫敦住過兩年多，當時才三十出頭的他，是以文部省公費留學生的身分，在一九〇〇年（明治三十三年）九月八日從橫濱港出發，途中經過巴黎，於同年十月二十八日抵達倫敦的維多利亞車站。

根據《漱石日記》記載，他到達倫敦後第四天，就去參觀了倫敦塔。「十月三十一日（星期三），參觀倫敦塔橋、倫敦橋、倫敦塔、倫敦大火紀念碑。晚上跟美野部到乾草劇院看戲，劇目是謝立丹的《謠言學校》。」漱石在《倫敦塔》的開頭第一句寫道：「兩年的留學期間，我只到倫敦塔參觀過一次。」據說那次參訪經驗，就是他後來書寫這篇小說的基礎。

夏目漱石在《倫敦塔》中提出自己對英國歷史的看法，他認爲「倫敦塔的歷史就是英國歷史的縮影」。寫到這兒，漱石的思緒突然順著時光隧道飛向二十世紀。倫敦塔橋被他用來分隔「現在」與「歷史上的那個時代」。漱石在《倫敦塔》裡將自己的位置設定在「從泰晤士河南側越過塔橋走向倫敦塔」。

「站在塔橋上，我隔著泰晤士河望向前方的倫敦塔，我看得十分專注，專心到幾乎忘記身在何方，甚至也搞不清自己是今人還是古人。……我依然不斷望向前方，呆呆地站在飽含褪色水分的空氣裡望著前方。漸漸地，二十世紀的倫敦從我心底消失了，同時，眼前的塔影卻在我腦中繪出幻影般的昔日歷史。……半晌，怪事發生了，一隻長長的怪手從對岸向我伸來，彷彿要把我拉走似的。剛才一直佇立不動的我，現在突然想要渡河往塔橋方向走去。那隻長手不斷拉扯著我。過了塔橋之後，我便一股腦地朝向塔門狂奔而去。」

從倫敦塔橋的南端開始過橋，途中看到左前方的倫敦塔。（二〇一六年攝影）［I］

作者走進了牢獄時代的倫敦塔，這裡幽禁過兩位年幼的王子，還有美麗的英格蘭女王珍・葛雷，這幾位歷史人物最後都在斷頭台上丟了性命。作者踏進倫敦塔大門之前走過的倫敦塔橋也是泰晤士河最下游的橋，一八九四年六月三十日正式開通，當時才剛開通了六年。中央橋桁建成蒸汽引擎動力的上開式可動橋*，兩側採取吊橋結構。當時的倫敦港位於現在的倫敦碼頭區附近，比今天重建後的倫敦塔橋更靠近下游的地方。為了讓船隻通過港口之後，還能繼續朝向泰晤士河上游前進，中央橋桁做成能夠向上打開的形態。聳立在橋墩上的兩座

用語解說——上開式可動橋：一種可動橋的形式，橋桁的一端支點可向上撐開，以確保高達桁下的船隻能夠通過。

高塔各自連接一座吊橋，並分別以鋼纜作爲支撐。從結構上來看，高塔確實有其必要性，並不是爲了配合倫敦塔才設計成這種高塔的外型。

支撐吊橋的鏈索＊對橋塔產生水平方向的反作用力，爲了對抗這股力量，兩座塔頂之間又以兩道橋桁相互連接。高塔的外觀看來像是石造，其實內部是以鋼筋構成，表面再用石材貼成哥德式裝飾。

如果按照《倫敦塔》描寫的那樣，一面從泰晤士河南岸走過倫敦塔橋，一面從橋上觀賞北岸的倫敦塔，景觀上的塔身確實十分渺小。因爲橋桁的規模相當宏偉，全長二百四十四公尺，而覆蓋在行人視角上方的吊橋鏈索，還有支撐鏈索的高塔不僅外觀厚重，總高度更高達六十五公尺，還有連接兩座高塔的兩道橋桁也給人帶來震撼感。倫敦塔雖然高達二十七公尺，但是跟倫敦塔橋比起來，只能扮演陪襯的背景，完全無法令人感受到漱石在《倫敦塔》裡形容的那種「視野」。關於這一點，各位只要利用谷歌地圖的街景服務，從泰晤士河南岸向北眺望，就能看得一清二楚。

如果不了解英國歷史，不知道倫敦塔就是英國歷史縮影的話，就算從倫敦塔橋走過，看到眼前那座巨大的橋影時，也無法理解《倫敦塔》的文字描寫吧。從這座橋上走過時，想像力是十分必要的。

◎《三四郎》的舞台背景——舊揖斐川橋梁

「三四郎睡眼惺忪地張開眼，看到女人不知何時已跟身旁的老頭兒搭訕起來。老頭是個鄉下人，在兩站之前上來的。那時火車即將發車，老頭突然粗聲大喊著狂奔而來，一跳上車，就脫掉了上衣，露出背上的灸痕，所以三四郎對他留下了深刻印象，不僅如此，三四郎還一直瞪著老頭，看他擦乾汗水，重新穿回上衣，然後在女人的身邊坐下。女人是在京都站上來的……」

這段文字描寫的是三四郎搭火車到東京就讀大學時的車內情景。當時日本的大學也跟歐美一樣，新學期是從九月開始，所以三四郎是在開學前的暑假搭車前往東京。他先從九州搭乘山陽本線，然後在終點站的名古屋轉乘東海道本線列車繼續向東京出發。《三四郎》於一九〇八年（明治四十一年）九月至同年的年底在《朝日新聞》連載，小說的時代背景設定在日俄戰爭剛結束的幾年後。

三四郎搭乘的列車在晚上九點半抵達名古屋，比預定時間晚了四十分鐘左右。之後，三四郎跟車上遇到的女人一起住進名古屋的旅館。

事實上，《三四郎》的文字裡並沒有關於橋的記述。女人從京都上車後，還有一位老人上來，但是後來又下車了。三四郎搭乘的這趟列車經過草津、米原、關之原、大垣、加納（現在的岐

用語解說——鏈索：建造吊橋主纜的施工方式。一種施工法是將整束纜線集中在一起，另一種施工法則把纜線編成自行車的鉸鏈一般的形狀，名為鏈索。

阜），最後到達名古屋，而在到達終點之前，火車曾經駛過架設在揖斐川、長良川、木曾川等三條河上的漫長鐵橋。我們只要充分發揮一下想像力，就能從《三四郎》的人物對話中發現，這趟列車的舞台背景包括東海道本線越過的木曾三川鐵橋。

老人在途中下車之後，三四郎跟女人的交談也就隨之結束，這時剛好是日落時分。而列車抵達名古屋，是在晚間十點十分，如果往回推算，也就是說，從京都出發沒多久，就到了名古屋。

「緊跟在老頭身後下車的，大約有四名乘客，而在這一站上來的客人，只有一個人。原本就不擁擠的車廂，一下子變得十分空蕩。或許也是因為快要天黑的緣故吧。車頂上，站務員咚咚咚地大步走過去，一面走一面把點燃的油燈插進車頂的燈座。」

三四郎跟女人搭乘的這輛列車經過彥根、米原、關之原、大垣之後，立刻駛過木曾三川之上的第一座橋，也就是舊日的揖斐川橋梁。這座橋現在仍在原處，並且保持著三四郎時代的原貌。只是當年的這座揖斐川橋梁，現已改爲行人專用步道橋，同時已被指定爲重要文化財，橋梁的位置靠近今天的東海道本線的下游處。

當時的列車天黑後仍然繼續行駛，車內的燈光昏暗無比，以今日的感覺或許很難想像吧。

「昏暗的燈光下，車廂裡其他三、四名乘客都是滿臉困倦的表情，誰也沒開口說話，只有火車發出驚人的吼聲，不斷向前飛奔。三四郎閉上雙眼，很快就走進了夢鄉。不久，只聽耳邊傳來女人的聲音：『名古屋快要到了吧？』（中略）

『照這樣看來，火車要晚點了吧。』

『大概會晚點吧。』

『你到名古屋也要下車……』

『對，要下車。』（中略）

不一會兒，火車就到了名古屋車站。」

今天的舊揖斐川橋梁（上，重要文化財）和商標（左）。這座橋現在跟竣工時一樣，仍是由五段一百英尺（三十公尺）的桁架相連而成，橋梁位置也跟從前一樣。剛開始建設時的鐵路是單線，三四郎去東京上學時，上行線已經變成複線。商標釘在斜線桁架上，上面刻著製造廠名稱「PATENT SHAFT & AXLETREE CO. LD」，製造時間「一八八五年」，工廠所在地「WEDNESBURY」。（二〇一四年攝影）[I]

一八九一年（明治二十四年）濃尾地震中受災的長良川橋梁。橋墩震倒，橋梁上部結構也被震垮。取自：John Milne, W. K. Burton. *The Great Earthquake in Japan, 1891,* Lane, Crawford & Co., 1892.

從女人上車的京都到名古屋之間，全程距離約為一百五十公里。這段路線也是東海道本線全線開通的最後一段區間。一八八五年（明治十八年）到第二年之間，上述三座橋梁同時展開架設工程，其中包括大垣到現在的岐阜（當時叫做加納）之間的揖斐川橋梁、長良川橋梁，還有從岐阜到尾張一宮之間的木曾川橋梁。這三座橋梁都在一八八七年竣工通車。之後，鐵道也從大垣繼續向西延長到關之原、米原。東海道本線則於一八八九年（明治二十二年）七月全線通車。

然而，兩年後的一八九一年（明治二十四年）十月二十八日發生了濃尾地震，包括舊揖斐川橋梁在內的三座竣工不久的木曾三川鐵橋都遭到了嚴重損傷。事實上，日本在明治時代根本無法自造鐵橋，凡是架設在長河之上的鐵

《三四郎》前往東京的火車裡出現的對話（京都 · 名古屋之間）

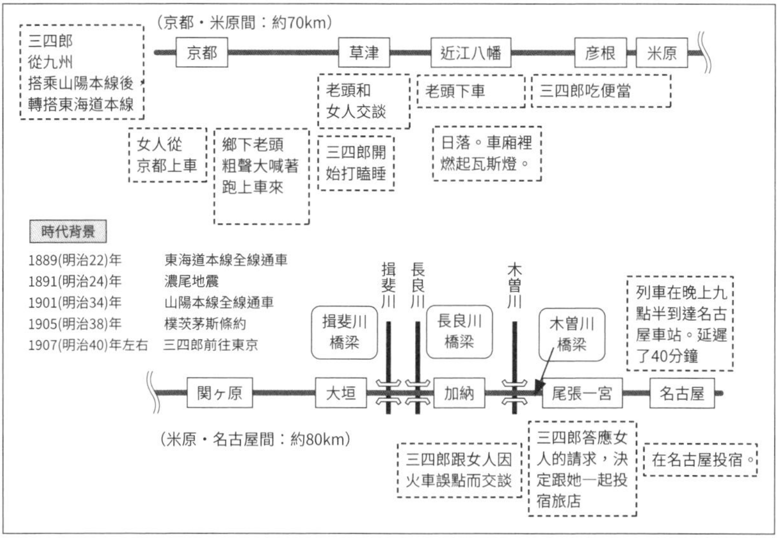

道桁架橋，幾乎全都是依靠歐美進口。當時架設在木曾三川的鐵橋，也都是從英國進口的外國貨。濃尾地震是這些舶來的近代橋梁在地震國日本頭一回遭到的地震洗禮，長良川、木曾川的橋梁上部結構全被震垮，橋墩也遭到損毀。紅磚建造的揖斐川橋梁只有橋墩受損，上部結構並沒有毀壞。關於濃尾地震的受災狀況，當時應邀來日的英國技師巴爾頓和米倫都曾留下照片之類的紀錄。

三座橋當中只有揖斐川橋梁的上部結構沒有受損，地震之後，橋墩進行過修補，而長良川和木曾川上兩座橋也進行了修建，大約在地震的半年後恢復了通車。

另一方面，山陽本線從神戶繼續向西延長，一九〇一年（明治三十四年），全線通到下關（當時的馬關）。也就是說，三四郎前往東京的前幾年，山陽本線已經全線開通，而三四郎上京的路線，是先搭乘山陽本線，然後轉乘東海道本線，全程費時兩天一夜。小說開頭描寫的車內情景，則是在第二天旅程即將結束時發生。

這段場景的舞台，就是火車駛過重建橋梁時的車廂裡。十幾年前發生濃尾地震時，這座橋梁曾遭到嚴重損害，這時已經重建完工。事實上，東海道本線剛開通的時候只是單線，但等到三四郎上京求學時，已經完成了多線化工程。三四郎搭乘的上行列車從京都到名古屋，這段一百五十公里左右的路程即將抵達終點時，線路轉入複數的上行線之後，應該就會通過現在的舊揖斐川橋梁，然後，再從長良川橋梁駛過，等到列車經過加納（岐阜）之後，又會駛過木曾川橋梁。而這時距離名古屋只剩二十五公里至四十公里，離終點已經不遠了。女人最後一次跟三四郎在車中交談，應該就是在這附近。

漱石在倫敦留學時所寫的日記、書信，以及後來發表的演講、小說裡，幾乎全篇都以這種低音階方式彈奏出內心的憂慮與恐懼。這也是明治後期的知識分子面對日本全力奔赴近代化的典型心情。三四郎搭車前往東京的第二天，火車剛離開名古屋，他在車中遇到了廣田老師。當時日俄戰爭才剛結束幾年，漱石假借廣田老師之口寫道：「日本會亡國的。」

不僅如此，三十出頭的漱石前往倫敦留學時，他也對遙遠的祖國在英日同盟中的地位發表了如下的感想：

「自從日英締結同盟關係後，歐洲各國報紙曾對此事熱烈反應，最近才總算趨於平靜……國內對此事的反應也是異常興奮，簡直就像窮人攀上了富親戚，全村上下都在忙著敲鐘打鼓，到處報喜。」（有關日英締結同盟一事致信中根重一）

英國畫家W·H· 亨特筆下的「迷途的羔羊」，作品名稱為《在英國海邊，一八五二（迷途的羔羊）》。據說夏目漱石在倫敦留學時可能看過這幅畫。（倫敦，泰特不列顛美術館展示）[I]

「世人都認為日本是個喜新厭舊的民族。就連幾百年的風俗習慣都能輕鬆拋棄，絲毫不覺得遺憾，這種國民當然對任何事物都不會留戀。至於這種評語究竟出於好意或惡意？那又得另當別論。西洋人之所以稱讚日本人，大概是因為日本人模仿自己，或者拜自己為師，而西洋人之所以輕視中國人，主要因為對方不尊敬自己。西洋人對日本人的讚賞中，應該也包括了日本人對過去的毫不留戀在內吧。但若認為這是榮譽，那可就大錯特錯了。如果經過深思熟慮之後突然想通了，而決定拋棄醜惡的過去，這種毫不留戀就含有正面的意義。但如果

只因一時的好奇，被眼前的嶄新事物蒙蔽了雙眼，而決定拋棄百年以上的舊習，這就是負面意義的喜新厭舊。」（節錄）

小說《三四郎》的字裡行間並沒有直接關於橋梁的記述，但作者提到了鐵道，這是日本從歐美引進的現代事物，而且極具代表性。另一方面，作者又安排故事人物在列車裡進行對話，而這時火車經過的路段，剛好包括工程難度極高的木曾三川鐵橋在內。或許是我過分解讀了作者的用心吧，但我認爲作者這種精心安排，其實是爲了小說最後一章出現的「迷途的羔羊」埋下的伏筆。

傳說與迷信的橋

◎鈴之森刑場與淚橋

淚橋是江戶時代位於刑場附近的一座橋。當時從全國各地通往江戶的道路共有五條，名爲五街道，這五條路的最後一處驛站當中，以東海道的品川宿，也就是西國進入江戶玄關的宿場最爲繁華。而在距離品川宿不到三公里的地方，有個叫做鈴之森刑場的地方。這裡也是江戶的三大刑場之一，最早於十七世紀中葉開設，直到明治時代之後才廢止。前後兩百年左右的時間內，據說這裡總共處刑過十萬至二十萬的犯人。

譬如因畸戀而放火燒掉江戶市街的縱火犯青果店女兒阿七，自稱是八代將軍德川吉宗的私生子而召集浪人引起暴動的天一坊……這些江戶罪犯被判以火刑處死，死後梟首示眾的地點，就是開張不久的鈴之森刑場。當時的犯人執行死刑時，一般都採取公開的方式，因爲幕府可藉此展示維持治安的警察實力，防止西國的犯人逃到江戶來。

即將處刑的犯人首先拉到江戶的街頭遊街示眾，即將到達鈴之森刑場之前大約一公里的地方，有一條河叫做立會川，河上有一座橋，就是涙橋。這座橋現在已改建爲鋼筋混凝土橋，名字也已改爲「濱川

涙橋的橋頭有一塊木牌，上面寫著橋名的由來，由品川區教育委員會設立。[I]

橋」，位置就在今天京濱急行線的立會川車站旁邊。

根據「品川區教育委員會」設在橋旁的解說板說明，犯人解送到這座橋旁，看到前來送別的家人親屬，大家互相流淚話別，因此橋名叫做「淚橋」。

等到犯人自北向南從橋上通過後，這座橋從此成爲「有去無回」的地點，犯人永遠都不可能再回頭了。我曾經參觀過這座橋，當我從橋上走過時，腦中不禁幻想，當年十五歲的少女阿七被人反剪雙手，騎在沒有馬具的馬背上遊街示眾後，被拉上這座淚橋，當時她跟家人說了些什麼呢？想到這兒，真令人感到毛骨悚然。我從淚橋步行約十分鐘，來到了鈴之森刑場遺跡，場內現在仍有一座當年火燒犯人的火刑台，正中央的地面有個

淚橋（現已改名濱川橋）。現在這座橋是在一九三四年（昭和九年）改建的鋼筋混凝土橋。[I]

大洞，據史蹟保存會的解說板表示，這個洞是用來插入鐵柱，施刑時，犯人被綁在柱子上，四周堆滿薪柴，然後點起火來，把犯人活活地燒死。

鈴之森刑場遺跡。廣場的門面寬約四十間（約七十二公尺）但因為東海道後來拓寬，刑場已看不出從前的樣貌。[I]

留在刑場遺跡裡的石造火刑台，地面中央有個大洞，用來插入鐵柱，然後把犯人綁在這根柱子上。[I]

◎一条戻橋的傳說

創建於八世紀

一条戻橋是一座真實存在的橋，位於京都市上京區的一条通越過堀川之處。這座橋的歷史十分悠久，最早約在八世紀末，日本遷都到京都的時候就已架設，當時平安京最北邊有一條東西走向的大路，叫做一条大道，一条戻橋就建在這條路通過堀川的地方。之後雖曾數度重建，卻從未遷移到別處，現在的一条戻橋是在一九九五年（平成七年）重建的。

有關一条戻橋的特殊傳說與風俗習慣，大約是從平安時代後期才出現，一般認為，這種現象應該跟堀川西側地區逐漸沒落有關。由於一条戻橋東側是天皇御所，東西兩側在物理上雖然有橋相連，但是兩地之間的落差卻製造出無形的分界，越過這道分界線，走到橋的另一端，這個動作象徵了特殊的意義。

一条戻橋的北側有一座面積寬敞的宅第，十世紀至十一世紀初的陰陽師安倍晴明曾經住在這裡。院內的部分面積用來建造晴明神社。

有關一条戻橋的名稱與由來的各種傳說中，有個相當有名的故事，跟九一八年（延喜十八年）漢學家三善清行在橋上過世有關。三善清行曾經擔任過翰林學士，學識修養跟號稱學問之神的菅原道真不相上下。清行去世時，他的兒子淨藏正在熊野、吉野等地的山中修行，聽到父親的死訊後，他立即趕回都城。

現在的一条戻橋，於一九九五年（平成七年）改建完工。橋下的堀川曾經一度斷流，現在又重新復活了。[I]

三善清行的送葬行列已經出發，淨藏在一条戻橋上追上了隊伍。就在這時，奇蹟發生了。淨藏在心中向父親默禱，期待能再聽一次父親的聲音。清行這時正要渡過通往冥界的三途川，聽到兒子的禱告，他突然醒了過來。據說淨藏就是在一条戻橋上跟他父親最後話別。

渡邊綱與妖怪

一条戻橋的妖怪傳說也被人們當成怪談傳誦給後代。譬如攝津源氏的源賴光手下有四大天王，其中一人叫做渡邊綱。一天半夜，渡邊綱經過一条戻橋東邊橋頭時，碰到一名美女。女人向他搭訕，拜託他把自己送回家。渡邊綱心中暗自納悶，他覺得一個女人半夜在外面行走非常詭異。果然，當他騎馬載著女人出發後，女人立刻露出原形，變成女鬼。

女鬼緊抓渡邊綱的頭髮，打算拉著他飛向自己居住的愛宕山，但渡邊綱立刻拔刀砍斷了女鬼的手臂，逃過一劫。這段鬼怪傳說被當成神怪故事一直流傳到今天，有些部分曾被稍加修改。明治中期的歌舞伎世家第五代尾上菊五郎曾把一些傳說改編為「新古演劇十種」，其中的《戻橋戀的角文字》曾在東京的歌舞伎座上演，故事內容就是根據上述的女鬼傳說而來。

橋占傳說

傳說中有種占卜法叫做「橋占」。這種占卜的方式是在橋上收集往來行人交談內容，然後根據內容判斷吉凶。因為橋上行人的談話並非出於個人的意志，而是反映出心靈現象。古人認為，橋的心靈會藉由行人的話語而表現出來。這也是日本自古流傳至今的信仰，因為日本人認為，架在河上的橋會使過橋的行人產生心靈現象。一条戻橋也繼承了這種「橋占」的傳統。

平安末期，平清盛的孫子即位成為安德天皇時，平家的權勢可說到達了頂峰，但是盛況極短，幾年之後，平家在壇之浦大戰之後一蹶不振。據說清盛的女兒平德子（建禮門院）生產時，她的母親平時子到一条戻橋進行橋占。當時橋上曾有十二名童子拍著手走過去，他們一面拍手一面唱歌，歌詞內容預言了皇子將來會成為安德天皇。

其實，這十二名童子是陰陽師安倍晴明事先藏在一条戻橋下的式神化身。所謂的式神，是一種接受陰陽師指揮的鬼魂，他們能夠識別人心的善惡，趕走惡鬼，並負責守護建築的鬼門。晴明神社的境內現在仍然保存著從前的一条戻橋欄杆主柱與式神的石像。

雖然平時子的橋占預言內容並未公開，但結果想必是出乎意料的大凶，因爲在《平家物語》（卷第十一）的〈先帝投水〉一節裡提到那時平家已在壇之浦大戰中敗北，全家都被逼上絕路。「尼師要帶我們到哪裡去啊？」平時子的孫子安德天皇向祖母問道。「你因前世修行才生爲天子之尊，之後卻遭遇惡緣纏身，好運已經用盡。現世只剩苦難辛酸，我還是帶你到那個叫做極樂淨土的好地方去吧。波濤之下就是那個好地方。」一說完，平時子便抱著天皇跳進壇之浦的海底。安德天皇跟他祖母平時子最後在船中的交談。

晴明神社。位於一条戻橋北側堀川通的路旁。[I]

安德天皇的母親平德子（建禮門院）緊跟著也要跳水，卻被源家的族人用竹耙勾住她的頭髮撈上岸來。平德子後來被送到京都的後寂光院，在那裡度過餘生。

時代不斷向前推移，一条戻橋的神怪故事仍在民間傳誦不已。

梟首示眾的聖地

十六世紀中葉，戰國大名三好長慶的家臣和田新五郎因私通罪處死的地點，也是在一条戻橋。和田新五郎的私通對象，是室町幕府十二代將軍足利義晴嫡子家的侍女。據說處死的過程極其殘酷，先用鋸子切斷犯人的兩臂，然後才在犯人痛苦呻吟聲中，砍下犯人的腦袋。跟和田新五郎私通的那名女侍，則被剝光衣服拉到京都市區遊街示眾，最後在六条河原處死。

戰國時代末期，即將統一天下的豐臣秀吉經常選擇一条戻橋作爲處死犯人的刑場，因爲這裡剛好位於他的府邸聚樂第跟天皇御所的中間位置。

戰國大名島津家跟豐臣秀吉的對抗戰役中，島津歲久堅持到最後，終於全軍覆沒，被豐臣

舊一条戻橋上的欄杆主柱與式神的石像（晴明神社境內），舊橋從一九二二年（大正十一年）至一九五五年（平成七年）曾經架設在神社境內。據說安倍晴明雖然能夠隨意操縱式神，但平時卻把式神鎮在橋下。[I]

秀吉割下了腦袋。斬首示眾的地點就在一条戻橋。之後，千利休被豐臣秀吉命令切腹自殺，同樣也是在一条戻橋上梟首示眾。

一五九六年（慶長元年），政府發布基督教禁教令之後，豐臣秀吉下令逮捕號稱「日本二十六聖人」的方濟會員與傳教士，決定把他們送到長崎處以磔刑。但在行刑之前，其中二十四名在京都抓到的犯人就先送到一条戻橋，割掉左耳，並在市內遊街示眾，然後才送到長崎處刑。當時負責執行秀吉命令的，是京都地方官石田三成，數年後，石田三成在關原大戰敗北後，也在六条河原被德川家康斬首，並把他的腦袋掛在三条河原示眾。

東福門院德川和子入宮

一六一二年（慶長十七年），後水尾天皇即位後，德川家康為了加強朝廷與幕府的聯繫，決定把二代將軍秀忠的五女東福門院德川和子送進皇室與天皇聯姻。秀忠的身分相當於德川家康的內孫。但這項決定後來卻因為大坂之戰、家康去世等一連串事件而大幅延期。等到德川和子好不容易被送進皇宮時，已是一六二〇年（元和六年）。

據推測，當時進宮的路線應是從二条城出發，順著堀川通向北前進，走到中立賣通再向右轉，然後朝著正前方的天皇御所前行。全部路程大約兩公里。送親隊伍橫越堀川的地點有一座堀川第一橋（中立賣橋）。關於這座橋的創建時期，很多資料記載顯示是在一六二六年（寬永三年），後水尾天皇巡幸二条城的時候建造的。但其他史料指出，後陽成天皇曾在戰國末期巡幸過豐臣秀吉的聚樂第兩次，由此推測，堀川第一橋的創建時間應該是在江戶時代初期以前，因此，德川和子入宮時，這座橋應該已經造好了。

今天的堀川第一橋是在一八七三年（明治六年）重建的石造拱橋，全長約十五公尺，寬度爲九公尺，橋拱的弧度呈正圓形，這種形狀在同期建設的拱橋中比較罕見。

一条戻橋位於堀川第一橋的上游，兩橋的位置十分接近，所以當時德川和子入宮的隊伍，應該能夠看到左側的一条戻橋。對於幕府來說，橋名裡面有個象徵回頭意味的「戻」字，難免令人如鯁在喉，而且這座橋竟然就在入宮路線的旁邊。難怪幕府後來下令把一条戻橋改名爲「萬年橋」。但是對京都的居民來說，往日早已叫慣的橋名，怎麼可能隨便假借公權力改變？就像京都居民喜歡以塗鴉表達心中對公權力的不滿，這種

一条戻橋、御所、聚樂第、二条城之間的位置關係

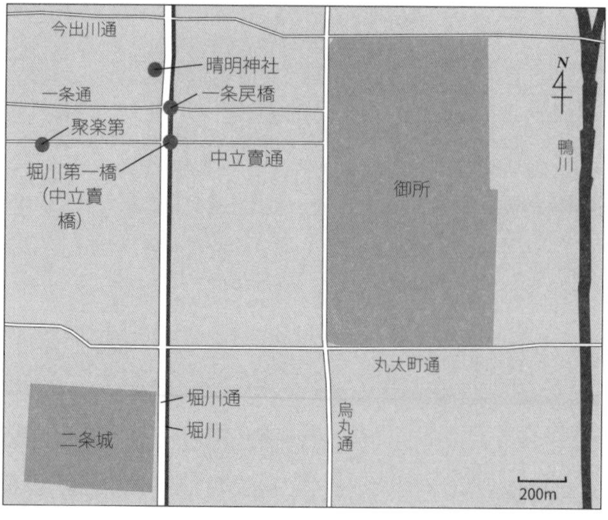

現在的堀川第一橋（中立賣橋）。一八七三年（明治六年）重建，一九一三年（大正二年）曾經拓寬橋面。這座橋的創建時間約在十六世紀末。江戶時代曾是連結御所與二条城的公儀橋。（二〇一六年攝影）[I]

習慣也不可能輕易改變吧。所以沒過多久，一条戻橋又從「萬年橋」變回了原來的名字。但那些即將出嫁的女孩，或是辦喜事的家族、親友都很擔心婚事破局，所以民間的風俗是在家有喜慶時，絕對要離一条戻橋遠一點。

最後的二十日

西日本有一種習俗，當地人習慣把每年十二月二十日叫做「最後的二十日」，把這一天視為諸事不宜的忌日，不論做任何事都得小心謹慎。因為傳說一種叫做「一本踏鞴」的妖怪會在這天出來活動，這種妖怪小僧只有一隻眼睛，一條腿，相傳從事山林工作的人，這一天都會在家休息。至於究竟為什麼把十二月二十日視爲忌日？眾說紛紜，至今沒有定論。有人認爲是因爲京都地方都是在這天處死犯人，所以才把這天看成是忌日。

京都的刑場位於東國進京的入口粟田口。每年十二月二十日，即將行刑的犯人先在市區內遊街示眾，然後拖到一条戻橋上。儘管犯人這時還活著，卻被當成死人，首先向他們供上鮮花、米糕，再點燃線香膜拜一番，最後才拉上刑場。據說這種膜拜儀式是祈禱他們被處刑之後，還能從那個世界變成活人，回到這個世界來。

◎人柱・人祭的傳說

根據《廣辭苑》的解釋，「人柱」就是「進行架橋、築堤、築城等難度較高的工程時，爲了祈求神明心情平和，工程如期完成，事先用活人作爲犧牲，丟到水底或埋進土中。人柱也指那些被當成犧牲的人。或轉指爲了某種目的而犧牲的人。」換句話說，人柱也就是一種人祭。

以活人當作犧牲的行爲背後包含著祈願，希望能藉此避免駭人的自然威脅或災害，也期待超越人類能力範圍的高難度作業能夠成功完成，另一方面，由於修橋之類的建設工程改變了大自然，使大自然受損，人類爲了安撫河中精靈對這類工程的憤怒，所以奉上活人當作祭物。人柱或人祭之類供奉活人以表達祈願的習俗屬於泛靈論文化，不僅是日本，包括歐洲在內的很多國家都有這種習俗。

據說紀元前七世紀左右，羅馬王政時期的第四任國王馬奇路斯在台伯河上建設木造的蘇布里齊橋，當時就曾進行人祭。爲了紀念這項活動，今天在當年架橋的地點仍然定期舉行祭祀儀式，由成群的修女將莎草紙做成的人偶拋入河中，以此代表供奉河神的人祭。德國南部的巴伐利亞地方也定期舉行聖靈降臨祭，這種祭典同樣也是把人偶從橋上拋進河裡，猜想最初應該也是用活人祭神的習俗。

日本各地留下了很多關於人柱的傳說，大部分都跟橋梁等土木工程有關。譬如跟橋有關的各種傳說中，長柄橋的人柱傳說就很有名。長柄橋在九世紀初開始建造時，曾經留下一段紀錄：「嵯峨天皇在位時，八一二年（弘仁三年）夏六月重新修建長柄橋，舉行盛大人祭。」（一七九八年〔寬政十年〕）

當時由於淀川數度氾濫，河道經常發生變動，水位也總是超出安全範圍，架橋作業陷入空前的困境。就在這時，當地的長老提出建議：「若要完成架橋工程，必須有人穿上連身長褲充當人柱。」說完，老人主動表示願意扮演人柱。這時老人出嫁的女兒聽到消息，嚇得無法發出聲音，再也說不出話來。

後來，老人的女兒因爲父親成爲人柱而被夫家休妻。丈夫送她返回娘家的路上，剛好看到雉鳥鳴叫著向前飛去。丈夫聽到鳥鳴，立即抽出弓箭，當場射死了那隻雉鳥。而他得了失語症的妻子卻突然說出了心底話：「父親多言，化身長柄橋柱，雉鳥不鳴，免惹殺身之禍。」（如果父親不提人柱建言，也不至於送命。）

平安末期的武將平清盛曾主導推行都市建設計畫，其中最重要的項目就是在福原（神戶）興建新都城。至於港口整治方面，則決定在大輪田泊進行大規模改建工程。九世紀初開始，大輪田泊一直是船隻停泊地，並且持續進行擴建，但因日宋之間的貿易越來越繁盛，港口必須建在平穩的海面，以免大型船隻受到海浪波及。於是平清盛決定在大輪田泊附近進行一項大工程，在海裡築起人工島嶼「經之島」，用來當作防波堤。但是這項海上工程的難度極大，曾經數度遭到暴風雨和波浪的影響而中斷。事實上，此時已經面臨必須供奉人柱的危急狀況，但根據《平家物語》（卷第六）記載，平清盛最後並沒有用活人祭祀海神，而只把寫著《大藏經》的巨石投進海裡。

◎橋姬傳說

起源來自水神信仰

被河川與外界隔絕的地區，橋梁也扮演了防禦外敵入侵的關卡角色。所以對當地居民來說，守衛橋梁等於就是守護當地居民的生活。而被人們奉祀在這道橋梁關卡上的守護神，就是所謂的「橋姬」。據說這種守護神原本屬於水神信仰的神明，通常是在橋頭奉祀一位男神與一位女神。如果只是這樣簡單說明，大家或許會以為橋姬即是正義的化身，但事實卻非如此。若只從字面來看，「橋姫」兩字不免令人聯想容貌美豔的女子。不過，這種聯想也是一種誤解。「橋姫」一詞的語源，據說是因爲「可愛」的古語「愛（HASHI）」，跟「橋（HASHI）」的發音相同，之後，表示愛人之意的「愛姫」，就演變成了「橋姫」。而事實上，橋姫是個忌妒心很強的女鬼，她生性執著，對自己痛恨的對象緊追不捨，不肯放過。

日本各地流傳的橋姫傳說都提到，如果有人在供奉橋姫的橋上稱讚其他的橋，橋姫就會狂怒，並嚴厲懲罰那個亂講話的人。就像每個地方的土地神都不喜歡聽到當地居民談論其他土地神，橋姫也很厭惡當地居民談論其他的橋梁。有些文章還指出，由於橋姫是女神，所以妒忌心很強。

宇治橋西側橋頭附近的橋姫神社。江戶時代，神社原本位於宇治橋的西端，後來因為明治初期被洪水沖毀，所以往上游遷移了五十公尺左右，也就是現在的位置。[I]

宇治橋的橋姬傳說

全國各地的橋姬傳說中，以宇治橋的橋姬傳說最有名。這個傳說跟一条戻橋上砍斷手臂的女鬼的故事雖有重疊之處，但是跟《平家物語》的〈劍之卷〉所描述的內容卻有些差異。

〈劍之卷〉裡面提到，九世紀初的時候，有一位身分高貴的貴族女孩因為無法壓抑內心的妒忌，一心只想復仇，所以到祭祀水神的貴船神社祈禱，希望自己能夠變成女鬼。水神告訴女孩，必須先把自己裝扮成女鬼的模樣，在宇治川中浸泡二十一天，才能變成女鬼。女孩按照水神的指示，浸泡在宇治川裡，最後終於變成女鬼，換句話說，她終於變成了橋姬。據說這位滿心燃燒復仇之火的橋姬，後來不僅殺死了離婚的前夫和他妻子，後來更連續殺掉許多親人和家屬。

宇治的橋姬傳說雖是根據能劇《鐵輪》的劇情改編的，但故事內容跟劇本還是有些出入。能劇裡的橋姬企圖咒死前夫和搶走丈夫的女人，而那對背叛她的夫婦卻早就發現情況不妙，於是去向陰陽師安倍晴明求助。安倍晴明利用「形代」（以咒語注入人類靈魂的人偶或物品）向橋姬發出詛咒，不久，橋姬在那對夫妻面前現身，並且企圖向他們發動攻擊。橋姬的心裡充滿妒忌與仇恨，臉上肌肉扭曲，頭頂戴著「五德」（鐵製的爐墊），上面插著點燃的蠟燭，一副詭異的女鬼形象，看來十分恐怖。所幸安倍晴明不斷祈禱，再加上三十番神（每天輪值守護的值日神）的保佑，總算阻止了橋姬的計畫，但在下台之前，她卻留下一句台詞：我遲早還會回來報仇！

橋姬的形象當然給人留下了恐怖的印象，但是比外型更恐怖的，還是忌妒造成的追逐與執著吧。

◎死後審判的橋

死後世界的入口

所謂的死後審判橋，是在死後世界的一座橋，人死之後來到這座橋旁，根據生前的作爲決定是否能從橋上走到對岸，以此判斷此人應該下地獄還是上天堂。如能平安越過這座橋，就能上天堂，走不過去的話，就會掉到橋下的地獄。類似這種審判橋的傳說，不僅日本人耳熟能詳，世界其他各地也都廣爲流傳。但我們卻不清楚，這種賦予橋梁死後審判任務的故事，是從什麼時候開始在世界各地傳布的。

把橋看成死後世界的入口，再根據死人能否從橋上通過而做出最後審判，最早出現這種傳說的先例，是祆教典籍裡提到的審判橋（Chinvat Bridge，《橋的聖與俗——有關死後審判的橋所代表的意義》L．加巴諾著，大阪大學博士論文，二〇一二年）。

祆教典籍提到的審判橋，對岸就是天堂，橋下則是地獄，人死之後若被判定爲好人，橋面就會變寬，被判定爲壞人的話，橋面就會變窄，一不小心就會滾到橋下的地獄去。

祆教又叫拜火教，很多人都知道這種宗教主張採取鳥葬、風葬之類的送葬方式，也就是說，把遺體放在原野上任其自然風化，或任由鳥類隨意啄食。祆教也是世界上最古老的宗教，紀元前六世紀已在波斯王國受到廣泛信奉。祆教教義的最大特點就是善惡二元論，把世界上的一切事物都分成善與惡兩類。另一方面，祆教也是主張死後審判的宗教，人死之後必須嚴格判斷此人究竟是好人還是壞人。而祆教的地獄、天堂等概念，據說也對後來的基督教、回教、佛教等起到巨大的影響。

蘭斯洛特的劍橋

在中世紀的歐洲，審判橋也經常出現在宗教故事裡。譬如十二世紀的吟遊詩人克雷蒂安・德・特魯瓦書寫的騎士小說曾經提到一座「劍橋」。

這部冒險小說講述亞瑟王的王妃桂妮薇亞被戈爾國王的兒子搶走後，亞瑟王手下的騎士蘭斯洛特捨命救出王妃的故事。而故事的舞台則是一把架在囚禁王妃的城堡上的巨劍。這把劍的長度大約相當兩根長矛，劍身即是橋桁，橋身的表面光滑無比，一般人根本無法站穩，而橋下則是奔騰的急流，更危險的是，對岸橋頭的巨岩上還拴著兩隻獅子。其他的騎士看到這座橋時，都露出退縮的表情，只有蘭斯洛特不顧一切奮勇向前，儘管他的手腳已被劃傷，但他仍然順著劍橋往前爬，最後終於順利到達對岸。就在他抵達的瞬間，原本還在眼前的獅子不見了。原來急流與猛獸都只是他的幻想而已，唯有深具信心的人才能從橋上順利通過。這種思想也是祆教的審判橋，或基督教等其他宗教文學作品的共通之處。

十九世紀之前，英國北部從事農業的天主教徒在守靈之夜所唱的歌曲中，也提到了一座橋，當死者前往冥界的路上，必定都要經過這座橋。歌詞裡還指出，前世曾經幫人解決困難，施捨恩惠的人，靈魂必將獲得拯救，而作惡多端的人，必將墜入地獄。

立山信仰的布橋

日本各種審判橋的傳說中，值得一提的是立山信仰的布橋灌頂會。

立山位於北阿爾卑斯山脈，是日本山岳信仰中有名的靈山。信徒進入深山進行肉體與精神的嚴格修行，希望藉由艱苦的

繪卷《立山曼荼羅》（金藏院本）裡的布橋（中央）。下方角落有一隻張著大嘴的龍，正在等待壞人掉進谷底的河裡。（卷頭彩色特集 vii）金藏院收藏，提供：富山縣立山博物館

布橋。長二十五間（約四十五公尺），高十三間（約二十三公尺）。提供：富山縣

鍛鍊來洗滌自己的罪惡與污穢，期待餘生或死後能夠到達極樂淨土，事實上，日本各地的修行活動其實都是跟立山的修行一樣的。

江戶時代之前，因爲政府頒布禁令限制女人入山，所以女性根本無法攀登立山。但爲了讓女性也能跟男性修行者一樣參加極樂往生的祈願典禮，立山的相關人士後來決定定期舉辦渡橋儀式，取代直接登上靈山立山。這項儀式最高潮的部分，是由女性信徒一面默禱極樂往生，一面從架在姥谷川（三途川）與姥堂御寶前的橋上走過。

典禮開始後，女性信徒先在閻魔堂舉行懺悔儀式，然後在雅樂與配合佛教樂曲的誦經聲中，跟隨擔任引導師的寺僧渡過架在此岸與彼岸之間的布橋。所謂的布橋，橋上鋪著一百零八塊橋板，這個數字也是人類的煩惱數，橋上還鋪著三條白布，身穿白衣的女性信徒頭戴斗笠，以白布遮眼，從橋上

布橋灌頂會（二〇〇六年）。身穿白衣的女性信徒頭戴斗笠，以白布遮眼，從橋上走過。提供：富山縣

走過。宣揚立山信仰的繪卷《立山曼荼羅》裡畫著張著大嘴的惡龍，正在橋上等待壞人掉落山谷下的急流裡。

女性信徒一步一步走向彼岸，前來迎接的寺僧也從彼岸走過來，最後，兩端的隊伍在橋中央會合後繼續前進。到了彼岸之後，隊伍進入姥堂，信徒一齊在昏暗的廟堂內誦經。這時，綁在女性信徒頭上的遮眼布才被解開，大家睜開眼睛，看到高聳入雲的立山就矗立在自己的眼前。這段渡橋的過程象徵了信者越過布橋到達彼岸，並在獲得重生後回到此岸，這一連串活動也叫做「擬死再生」。

立山信仰在民間逐漸滲透，在江戶後期到達頂峰的地位，但後來的明治時代卻進行打壓佛教的「廢佛毀釋」運動，立山信仰也就逐漸走向式微。一九七〇年，布橋重新修建完成，布橋灌頂會才又復活。

【橋梁趣聞】梟首示眾的聖地——中世紀的倫敦橋

古代的戰敗者常被割下首級高懸示眾，這種習俗不僅是日本，就連國外也很常見。中世紀的倫敦橋就是梟首示眾的地點。

倫敦橋在中世紀曾由亨利二世下令將木造橋改建為石造橋。這項工程於一一七六年開始動工，三十三年後的一二〇九年竣工。直到十九世紀前期為止，這座改建之後的倫敦橋都沒再修建過，前後總共使用了六百多年，實在是一座長壽橋。但在三百五十多年之間，這座橋也是懸掛死刑犯首級的著名地點，幾乎超過它的歷史一半以上。

中世紀的倫敦橋上建滿了各式建築，房舍林立，最南端的入口處有一座門形建築物，高懸犯人首級的場所就在這座建築物的頂樓陽台。這裡是倫敦最繁華的地點，往來行人絡繹不絕，真可說是梟首示眾的絕佳場所。

中世紀的倫敦橋。一六一六年的銅版畫裡描繪的是泰晤士河南岸望見的倫敦橋全景。橋的南端入口處的門形建築物就是梟首示眾的場所（圓圈標示）。取自：Visscher's View of London, 1616.

倫敦橋南端入口處門形建築物的頂樓陽台。取自：*Old and New London: Volume2,* London, 1878. BHO (British History Online)

附圖是一六一六年的銅版畫，畫中取景的角度是從泰晤士河南岸斜望倫敦橋，畫面的左下角可以看到南華克座堂，教堂右側就是南岸的橋頭。我們從畫面裡看到門形建築物的頂樓陽台豎著幾根長矛，每根長矛的尖端都插著頭顱。

這些首級是從處刑後的犯人遺體上砍下來，經過焦油浸泡處理後，再用長矛插著豎在門形建築頂樓陽台上。第一個在這裡梟首示眾的犯人，是電影《梅爾吉勃遜之英雄本色》裡那個在蘇格蘭獨立戰爭中被打敗的英雄人物威廉．華勒斯。一三〇五年，華勒斯被捕後受到殘酷的極刑，首級被砍下後掛在倫敦橋上向大眾展示。

這項高懸頭顱的習俗直到十七世紀中葉才被廢止。廢止之前，倫敦橋的南端橋頭總是長矛林立，數目多達數十根，每根長矛的尖端都插著腦袋，曾在這裡示眾的犯人名單裡包括：反對英國國教的天主教聖職人員，撰寫《烏托邦》嘲諷時政的湯瑪斯．摩爾，還有因叛逆罪被捕後在倫敦塔處刑的湯瑪斯．克倫威爾等。

舊的倫敦橋於一八三一年拆除，之後，重新架設了一座連續五個橋拱構成的石造拱橋，設計者是約翰．雷尼。這座石橋使用了一百四十年，直到一九七二年。現在的倫敦橋已改建為混凝土箱桁橋。

愛丁堡城門入口處的威廉．華勒斯爵士的銅像。[I]

可動橋

6

筑後川昇開橋。原本是舊佐賀線的可動橋，現已改建為步道橋。[I]

大部分土木建築物都被固定在地面而無法移動，橋梁也是一樣，大多數的橋桁也被橋墩支撐而不能移動。因為橋梁結構最重要的條件，就是要保持安定的狀態，不能上下左右移動，也不能旋轉搖晃。

但是有一類型的橋卻可以離開原來的位置，這種橋叫做「可動橋」，就像水門或運河閘門為了打開或關閉而移動，橋梁也可以跳開、旋轉或升降等方式離開原來的位置。

近代以後的歐美曾在橋梁跨越運河、鐵道或道路的地點建設了許多可動橋，其中又以北美最多。日本則是從明治初期才在港灣地區的運河沿岸開始建造這類橋梁。由於橋梁是規模較大的建築物，橋桁移動的景象看起來非常壯觀，所以總能吸引群眾圍觀。凡是建造可動橋的地區，交通都特別繁忙，同時也是人們聚居生活的場所。

在這一章裡，我將聚焦近代初期以後的可動橋，向各位更深入地介紹這類橋梁。

何謂可動橋

◎常見的水上可動橋

跨越鐵路、道路、水路等交通路線的橋梁，叫做跨線橋或跨道橋，爲了避免「橋」與「路」成爲彼此的物理障礙，橋桁下方必須確保必要的空間。如果要建造的是行人專用橋，可以採用行人陸橋的方式，分別在道路兩側建造樓梯或裝置電梯，藉以保證桁下的空間；如果是爲了提供汽車等交通工具通過的道路橋，就必須留出一段區間，以便從較遠處開始搭建漸次增高的斜面，藉此保障桁下的空間。但橋梁的總長度就會因而增長，橋下也必須搭建較高的橋墩，結果就會把整座橋的規模搞得很大。

如果桁下是交通並不繁忙的水路，這時可以採取臨時移動的方式，只有船隻需要從橋下通過時，才暫時移動橋桁，平時橋桁可從較低的位置跨越水路。這種橋就是可動橋。比較稀少的情況下，也可能在船行繁忙的水路上建造可以向上開啓的鐵道橋，待火車通過之後，鐵道橋桁又會回復原來的位置。

世界遺產麗都運河上的上開式鐵道可動橋（加拿大，史密夫斯瀑布鎮）。已經停用的鐵路軌道仍在原處，可動橋則降停在從前火車通過時的指定位置。（二〇一五年攝影）[I]

◎可動橋的種類

橋桁的移動方式雖然很多，但基本上只有平轉橋、上開橋和昇開橋等三種方式。平轉橋是指橋桁像磁針一樣，可以進行水平方向旋轉。而相對於平轉橋，上開橋和昇開橋則是以上下方向移動。上開橋的橋桁可從橋桁的兩端或一端向上開啓，開啓的部分與橋桁呈直角，這種橋還有個名字叫做「跳開橋」。昇開橋則是將橋桁垂直向上昇高，藉此保障水路上方的空間。

除了上述三種方式之外，其他的移動方式還有：將橋桁折疊起來，讓橋桁向上捲起；使橋桁滑向一端的橋頭等。另外，還有其他較少見的方式包括：將橋桁沉入水中；或從位置極高的橋桁搭乘纜車移動。

移動橋桁時使用什麼動力呢？有些小型可動橋採用人力，規模較大的橋梁在早期是使用蒸汽引擎，後來才漸漸改用電動馬達。譬如十九世紀末建造的倫敦塔橋，最初是使用蒸汽引擎，之後才改用電動馬達。當年的蒸汽引擎室位於泰晤士河南岸橋台的下方，現在已對外開放，一般民眾可以自由參觀。

梵谷畫過一幅《阿爾的朗格魯瓦吊橋》，畫中那種架設在水路上的小型可動橋，歐洲從很早以前就已開始使用。近代的可動橋則是十九世紀中葉以後，才在歐美運河發達的地區著手建造，其中又以北美的數量最多，而且大多數都一直使用到現在。

近代初期的可動橋

◎可動橋的開端

日本開始建造近代的可動橋，是在明治時代以後。明治初期，大阪首先在水上交通發達的淀川河口附近動工架橋，一八七二年（明治五年）在津川上造了千代崎橋。隔年一八七三年（明治六年），川口外國人居留區內的安治川上又架設了另一座鐵製可動橋。

千代崎橋是明治時代建造的第一座可動橋，這座木造桁橋共有七個跨徑，中央的跨徑剛好在水道的航路上，爲了讓桅杆較高的船隻能夠通過，所以把橋建成可動式。中央跨徑部分的橋桁可順著橋軸的走向進行伸縮，因此這座橋又叫做「算盤橋」。我們從千代崎橋的照片可以看出，橋桁的高度在中央跨徑部分最

千代崎橋（大阪，一八七二年）。橋桁的高度從中央跨徑逐漸向兩端降低，中央部分的橋桁長度最短，而且可向後方滑動，橋中央就能空出一段可供桅杆通過的空隙，而非讓船身通過。橋墩的支柱上拉出幾根斜向的纜線，一直拉到固定橋桁的最前端。取自：《大日本全國名所一覽　義大利公使密藏的明治相簿》平凡社，二〇〇一年

千代崎橋（《松島千代崎橋之景浪花八景之内》長谷川小信畫）。可動橋桁的尖端被纜線拉起來。從畫中可以看出桅杆正要從這段空隙通過。神戶市立博物館收藏

高，然後才逐漸向兩端降低。由於橋桁的中央做成可以伸縮的形態，這段可動的橋桁只要稍微向後滑動，橋中央就能空出一段可供桅杆通過的空隙。至少今天從照片看來，這座橋並不是向上開啓的可動橋。然而，就算照片證明了橋桁是順著橋軸方向伸縮，但在另一幅畫著千代崎橋的浮世繪裡，我們看到的千代崎橋，卻是中央橋桁向上開啓的上開橋。究竟從前是否建造過這種形態的千代崎橋，我們現在已無法確認，或許，當初架設了伸縮式，上開式只是曾經的計畫方案而已？也或許，伸縮式與上開式都曾建造過。

另一座位於川口外國人居留區的安治川橋，是一座鐵製可動橋，橋寬五公尺，橋長約八十一公尺，橋桁中央有一根圓形石造橋墩，上面裝置一段可以旋轉的活動橋桁，長度約十六公尺，相當於兩個跨徑的長度。橋桁與鐵柱橋腳都是從國外進口的。由於活動橋桁旋轉起來很像指南針的磁針，所以又叫做「磁鐵橋」。船隻從橋

桁中央部分通過時，轉動橋桁的動力是人力。中央的可動橋桁設計成斜張橋的形式，兩側各有一根支柱，柱上拉出上下兩層斜向的纜線用以支撐橋桁。

安治川橋曾被浮世繪當作主題，也在許多照片裡留下身影。最初的安治川橋雖是鐵製，壽

安治川橋，鐵製旋轉式可動橋的安治川橋。《浪花安治川口新橋之景》（長谷川小信畫）。取自：《明治大正圖誌第十一卷大阪》筑摩書房，一九七八年

可動橋安治川橋。旋轉中心是石造圓筒形橋墩，另外再用附帶法蘭盤的鐵柱連接橋墩。猜鐵柱的尖端應該裝設了螺旋樁。取自：《寫真集明治大正昭和大阪　故鄉的回憶 310　上》國書刊行會，一九八五年

兵庫運河的平轉橋（年代不詳）。橋桁在圓形橋墩上旋轉的方式。取自：《日本的橋　鐵橋的百年發展》朝倉書店，一九八四年

命卻很短。一八八五年（明治十八年）發生重大洪災，上游沖下大量流木，都被安治川橋擋在河中，造成堰塞。為了防止災害擴大，主管單位只好把安治川橋炸毀拆除。

除了上述幾座可動橋之外，《日本的橋　鐵橋的百年之旅》一書也談到明治時期的平轉橋，編者成瀨輝男提供了兵庫運河平轉橋的照片和說明。這座橋的確切地點與建造時期已不可考，推測應是在明治末年興建的。根據照片顯示，這座橋跟安治橋一樣，也是在圓形橋墩上裝設一段可以旋轉的橋桁，橋桁上面建立了三角形的高塔，並從塔上拉出斜張纜線用來支撐橋桁。

◎大正以後的可動橋

天橋立的小天橋

一九二三年（大正十二年），京都府北部若狹灣西端的天橋立建造了一座平轉橋。在架橋之前，這裡跟外界連絡一直使用渡船。天橋立是一段貌似防波堤的細長沙洲，這段沙洲隔開了海灣內部與外海，從灣內前往外海時，必須經由沙洲南端附近文殊地區的的水路，後來建在這條水路上的橋，就是小天橋（平轉橋）。這座橋跟安治川橋一樣，橋桁也能進行水平旋轉，以便船隻進出。

第一代小天橋的橋桁中央部分能夠旋轉，除了這段長約兩個跨徑的中央部分之外，兩端橋桁都是固定的，長度各約四個跨徑。可動桁的旋轉動力採用人力。一九六〇年（昭和三十五年），

第一代小天橋（一九三六年〔昭和十一年〕五月十一日）。四個跨徑的中央兩個跨徑是可以旋轉的可動桁。提供：土木學會附屬土木圖書館

現在的小天橋於一九六〇年（昭和三十五年）由新三菱重工神戶造船廠製作。三個跨徑之中的兩個跨徑可以選轉。橋桁的一端上裝載電動馬達，以圓形橋墩為中心進行旋轉。（二〇一六年攝影）［I］

小天橋進行重建時將橋桁旋轉動力改爲電動馬達。現在的小天橋總共只有三個跨徑，其中靠近文殊堂這端的橋桁是固定的，長度爲一個跨徑，另外半邊橋桁則是能夠旋轉的可動桁，長度爲兩個跨徑。

土木學會附屬土木圖書館的「戰前圖畫明信片圖書室」目前收藏了四十八張天橋立小天橋（平轉橋）的照片，大部分都沒有標明攝影時間，推測應是在昭和初期至昭和十年前後拍攝的。其中有些照片還標出「舞鶴要塞司令部檢閱畢」等字樣，令人感受到照片的時代背景。

小天橋的橋桁每次旋轉九十度所需花費的時間約爲七十秒。閒暇時每天大約運轉數次，繁忙時可能多達五十次。按照這種頻率來看，天橋立的小天橋可能是現存的可動橋當中，運轉頻率最高的一座橋。

這座橋運轉時通常由三人共同作業，當船隻靠近時，其中兩人站在橋桁兩端，指示橋上正在通行的人車暫停前進，並以手勢指揮橋桁開始或停止旋轉，另一名人員在橋邊的操作室裡，根據另外兩人的手勢操作電動馬達。

港灣地區的可動橋

日本在大正時代到昭和初期建設過好幾座可動橋，首先是一九二六年（大正十五年）架設在大阪舊北港運河的上開式可動橋，名叫正安橋（一九九九年〔平成十一年〕解體拆除），橋長四十八·九二公尺，橋寬七·四公尺。一九二八年（昭和三年），神戶也建造了一座上開式板桁橋，名叫高松橋，這座橋的規模頗大，設計者是在美國的橋梁公司累積過實務經驗的增田淳。

日本的鐵道可動橋是在昭和時代以後才開始建造，大部分都建在各地臨港線（港灣地區的鐵道）橫越運河或河川的地方，橋梁形式全都是下承式鋼板桁橋。一九二七年（昭和二年），大阪櫻島線在北港運河上建造一座跨徑十七公尺的上開式可動橋。接著，名古屋市港區的堀川也建造了「名古屋港跳上橋」，設計者是日本的可動橋專家山本卯太郎（一八九一～一九三四年），他也在美國累積了橋梁設計方面的實務經驗。這

筑後川昇開橋（一九三五年，福岡縣／佐賀縣，重要文化財）。中央附近的一段橋桁可以上昇，這段橋桁的長度二十四·二公尺，可昇至二十三公尺的高度。（二〇〇九年攝影）[I]

座橋現在仍可使用，且已被登錄爲文化財。

一九二八年（昭和三年），大阪臨港線在跨越天保山運河、運河支川、三樋入堀等三條河流處，分別架設一座昇降式可動橋，這三座橋的跨徑皆爲二十四・七公尺。

接著，東京的臨港線也連續架設了兩座鐵道橋，一座於一九二九年（昭和四年）建在汐留・芝浦之間（跨徑二十七・六公尺，上開式），另一座於一九三一年（昭和六年）建在鹽釜線的貞山堀（跨徑十三・二公尺，昇開式）。這兩座橋現在都已看不到了，但是一九三五年（昭和十年）建成的筑後川昇開橋，雖然鐵道已經廢止，現在卻被改爲遊步道，同時也被指定爲重要文化財。這座橋是從前的國鐵佐

勝鬨橋最後一次向上開啓。一九七〇年（昭和四十五年）上開橋最後一次開啓後，可動桁變成了固定桁。提供：土木學會附屬土木圖書館，一九七〇年十一月二十九日，安河內孝攝影

長濱大橋（一九三五年，愛媛縣，上開橋）。比勝鬨橋提前五年建成（二〇一三年攝影）[I]

賀線為了橫越筑後川，而在川上建造的昇開式可動橋，中央有一段長達二十四．二公尺的橋桁，可向上昇高二十三公尺。

一九三一年（昭和六年），末廣橋梁在三重縣四日市市的千歲運河上建造完成。這也是日本國內目前唯一仍可使用的上開式可動鐵道橋，設計者也是山本卯太郎。這座橋已跟筑後川昇開橋一齊指定為日本可動橋當中的重要文化財。

道路可動橋

上開橋與昇開橋是可動橋當中最常見的形態，也可說是可動橋的代表形態。尤其是上開橋，美國不僅創造了可觀的實績，其中很多上開橋直到今天仍能使用。一九四〇年（昭和十五年），跨越隅田川最下游的築地．月島之間的勝鬨橋建造完成。這座橋全長兩百四十六公尺，可動部分位於橋桁中央，長度約四十五．六公尺，這種雙葉式上開橋也被稱為「芝加哥式」。勝鬨橋的橋寬二十二公尺，規模相當宏偉，跟清洲橋、永代橋同樣都在橋中央鋪設了路面電車的軌道。這座橋一直被視為日本可動橋的象徵，但在一九七〇年（昭和四十五年）卻變成了固定橋，當時除了在向上開啓的可動橋桁上進行了固定工程，提供動力的電力系統也被撤除了。二〇〇七年（平成十九年），勝鬨橋跟清洲橋、永代橋同時以「隅田川震災復興橋梁」的名義被指定為重要文化財。

很多民眾都不斷要求重新把勝鬨橋改成上開橋，但若真要讓它變成可動橋桁，不僅需要重新建設電力系統設備，而且上次固定橋桁的工程已使橋板的平衡結構發生了變化，再度進行大規模改造的話，肯定需要耗費漫長時間與龐大經費。

愛媛縣的長濱大橋是早期的道路專用上開橋，一九三五年（昭和十年）八月完工，比勝鬨橋提前了五年。這座橋現在仍跟從前一樣每天開啓橋桁，爲往來車輛服務，同時也已被指定爲重要文化財。

【橋梁趣聞】兩類變種的可動橋

西班牙東北部巴斯克地區的比斯開橋可算是變種可動橋的先例，這座橋位於內維翁河河口附近的港灣城市畢爾包，現已被指定為世界遺產。這種形態的可動橋也叫運渡橋，是以吊在橋桁下方的平台型纜車運送往來兩岸的行人與車輛。

由於內維翁河沿岸地區的工廠與港灣經常有大型船舶出入，所以這片地區無法建造橋桁過低的橋梁。而另一方面，若是為了擴張桁下空間，而把連結橋梁的陸橋區間增長，又會給河流兩岸的物流與行人帶來不便。因此，當地政府才想到建造一座運渡橋，因為這樣既能確保橋桁的高度，又可利用平台纜車運輸車輛與行人，就像渡輪在兩岸之間往來一樣。比斯開橋的橋長一百六十四公尺，桁下跟水面之間的距離為四十五公尺，橋桁固定在兩岸的橋台＊上，另外還在兩岸的橋塔之間以纜索吊住橋桁。橋桁

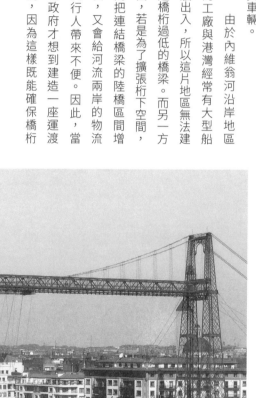

上面鋪設軌道，當滑輪在軌道上滑行時，吊在滑輪下方的平台纜車便隨之移動。平台纜車每次可載五輛汽車與三百名行人，跨越一百五十公尺的河面，大約需要兩分鐘，每天從早到晚都馬不停蹄地忙著運送人車。

比斯開橋於一八九三年完工後，世界各地又建了大約二十座類似的運渡橋，主要都建在法國，但目前僅僅剩下五座，比斯開橋可算是全世界仍在使用的運渡橋當中最古老的一座。

另外值得一提的是，運河昇降設施或許跟可動橋扯不上關係，但從廣義來說，這種運輸設施也算得上是一種可動橋的變種。一般來說，運河昇降設施是一種協助船隻在水位不同的運河間往來的設備，通常是利用閘門，或在斜面上鋪設軌道，進行斜面移動。還有一種方式，則是利用昇船機。昇船機這種克服水位差距的設備極為便利，只要把船隻駛進承船箱，轉眼之間就能在兩條河之間輕鬆昇降。

比斯開橋（西班牙）。已登錄為世界遺產的運渡橋。平台纜車吊掛在位置極高的橋桁上，陸續在兩岸之間往來。（二〇一五年攝影）[I]

用語解說—橋台：將吊橋纜線傳來的張力引向地面與橋桁的建築結構。

英國中西部切斯特郡（現已改名為柴郡）附近的威弗河和特倫特梅西運河之間的水位相差了十五公尺，所以當地政府在兩河之間的連接處裝置了安德頓昇船機（昇降設備）。

昇船機上有兩個熟鐵製的承船箱，長度二十二・七公尺，寬度四・七公尺，兩端各有一扇閘門。這座一八七五年建成的昇船機可說是歐洲同類設施中的先驅。一九〇四年實施整修工程時，曾經進行了大規模改造，並把動力系統改為電力驅動。

昇船機執行任務時，由兩名工作人員分工操作，分別負責開關閘門及控制千斤頂。每當天氣晴朗的季節，許多遊人都聚集到昇船機周圍的草地上，一面閒躺休息一面觀賞船隻昇降的盛況。

安德頓昇船機（英國）。水位差十五公尺的河流與運河之間升降船隻的裝置，現在仍在使用。圖中左側的橋桁前端是承船箱，這個部分可以昇降。（二〇一五年攝影）。[I]

木造橋的構造

7

六鄉川橋梁。新橋 · 橫濱之間的鐵道跨越六鄉川（多摩川）的木造桁架橋。新橋 · 橫濱之間這一段是日本最早鐵道。

日本近代以前的傳統木造橋，上部結構幾乎只有梁。日本的橋是在近代之後，才跟歐美的橋正面相遇，大家這才發現，除了日本不用鐵材造橋之外，兩者最顯著的差異就是日本這種梁結構。

歐美的橋以拱橋為主，同時也喜歡採用桁架結構，就是將橋梁的部件組合起來，不斷向上構成拱狀或三角形桁架的結構方式。

在這一章裡，首先讓我們利用淺顯的理工知識，進一步探討梁的構造，以及梁在建築裡扮演的角色。然後，我還要向各位介紹古典力學的早期發展，因為這門知識跟歐美的結構分析很有關係，並能幫助我們了解義大利物理學家伽利略針對「梁結構」所作的說明，以及英國博物學家虎克發明的彈性體力學。

有了上述的知識基礎，我們才能明瞭形成日本與歐美橋梁結構相異的時代背景。而日本的木造橋幾乎全都是以梁結構組成。

梁的力學

◎抗彎性的結構

首先，讓我們憑著自己現有的力學知識，確認一下「梁」究竟如何對抗自身承受的重量。

所謂的「梁」，是將橫木部件以水平方向組成的結構體，橫木部件的下方有兩個以上的支點作爲支撐，結構體以其本身擁有的抗彎性對抗來自上方的重量。大家放眼觀察一下身邊就會發現，利用「梁」原理製造的物件多得不可勝數。譬如像木椅、桌子，或書桌，都是一塊木板從兩端被撐起的梁結構。當然，建築物裡面的地板、天花板、屋頂等，則是以「柱」做爲支撐，而在「柱」與「柱」之間，卻使用了許多「梁」來確保空間。

「梁」上所承受的重量全都傳至梁下的支點，這也表示，「梁」有能力對抗重物企圖壓彎自己的力量。不論在「梁」上裝載的是人或物，就算只是很少的重量，「梁」還是會向下彎曲。就連跳水選手使用的跳板，雖然一端固定在牆上，另一端突出在空中，這種結構物仍是一種叫做「懸臂」的「梁」。當人站在跳板尖端時，「梁」的上方表面呈現朝上拱起的弧形，尖端垂向地面。這時「梁」的內部便產生一種對抗上方重量的力量（叫做「應力」），這種來自木材本身的力量使它不再繼續彎曲。換句話說，「梁」具備抗拒彎曲的力量。

◎利用免洗筷來說明

請大家想像一下，假設你手裡有一根較長的免洗筷，用雙手抓住筷子兩端，用力彎向上方，不斷加強雙手力道，最後，筷子就會「啪」地一聲從中央的附近折斷。從力學的角度說明的話，兩手抓住斷面爲正方形的免洗筷時，靠近斷面中央的上側部分就會承受壓力（壓縮），靠近斷面中央的下側部分則會產生拉力（張力）。

兩手不斷加強力道，筷子最後砰然斷裂，這就表示，木材再也無法承受來自免洗筷上下兩側的力量。

這時，各方面對「梁」產生的力量呈三角形分布，其中又以斷面上側與斷面下側所承受的力量最大，靠近斷面中央部分所承受的力量則等於零。（參照下圖）斷面垂直線的正中央是壓力變成張力的轉換點，離這個點越遠，梁所承受的力量也越大。

現在再請大家回憶一下中學物理學過的「功與力偶」。課堂上經常利用圖片說明翹翹板或滑輪，相信大家都還記得那些

免洗筷（梁）的應力狀態

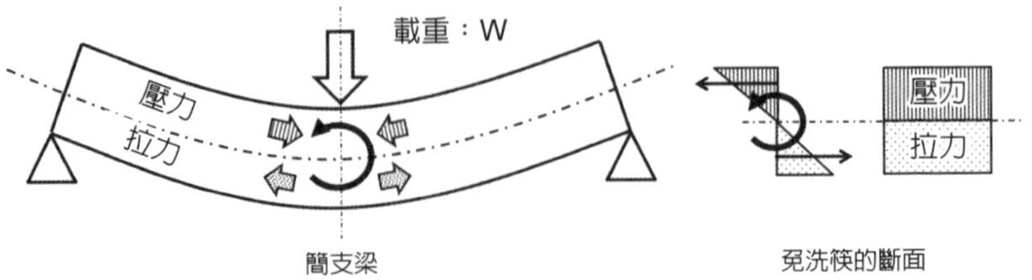

免洗筷斷面的上側產生壓應力，下側產生拉應力，兩種應力構成的力偶，跟把梁壓彎的力矩處於平衡狀態。

圖畫吧。就像前面說過的，「梁」是以「彎曲」對抗外力，這也表示，「梁」上承載的人或物把梁壓彎的力量，跟梁本身產生的力偶處於平衡狀態。力偶是由「梁」的斷面上側產生的壓力與下側產生的拉力共同組成。「梁」上承載的人或物越重，「梁」所承受的拉力與壓力就越大。以上就是我們目前所知的「梁」的整體結構。

◎古典力學在歐洲出現

我們今天能對「梁」的整體結構有所理解，基本知識的來源就是古典力學。這門知識是歐洲從十六世紀至十九世紀，經過了大約三百年的科學發展而獲得的成果。

說起確立古典力學的最大功臣，首先就該歸功鼎鼎大名的伽利略和虎克。伽利略（一五六四～一六四二年）被公認是藝術、科學各方面都有成就的全能天才，他以經驗、觀察爲基礎，對力學進行了實證研究，率先嘗試用力學知識說明「梁」的整體結構。另一方面，出生的年代相當於伽利略孫輩的虎克（一六三五～一七〇三年），則發明了著名的「虎克定律」，並爲彈性材料力學翻開了歷史的新篇章。

伽利略提出的懸臂梁命題模型。取自：《新科學對話上（岩波文庫）》岩波書店，一九六一年

伽利略曾把重物掛在一根「梁」的尖端，這根從牆上突出的「梁」即是所謂的「懸臂」。伽利略用這個例子說明了懸臂的應力分布情形。他認爲這根懸臂的根部（最接近牆壁的部分）所產生的最大梁斷面應力度（材料內部對抗外力時每個單位面積產生的力量），應該跟分布在「梁」的其他斷面所產生的應力度是一樣的。伽利略在一六三八年發表的著作《兩種新科學的對話》裡，記載了他這項看法。

但是根據今天的力學知識，大家都知道，牆上突出的懸臂尖端會產生下垂的力量，這種力量使「梁」發生變形，因此「梁」會向上拱起呈弧狀，尖端則垂向下方，「梁」的斷面應力度促使斷面上側產生拉應力，下側產生壓應力。

在這種情況下，應力度的分布狀況呈三角形，最大拉應力度出現在「梁」的斷面上側，「梁」的垂直面正中央的中性軸的應力度爲零，最大壓應力度則出

伽利略提出「梁不會變形」的說明

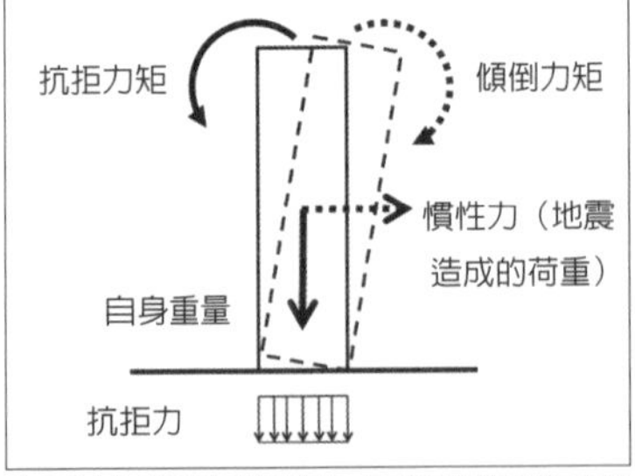

地震時的墓碑保持穩定，跟伽利略說的「梁不會變形」，是一樣的原理。

載重W在梁的尖端造成的變形與應力度

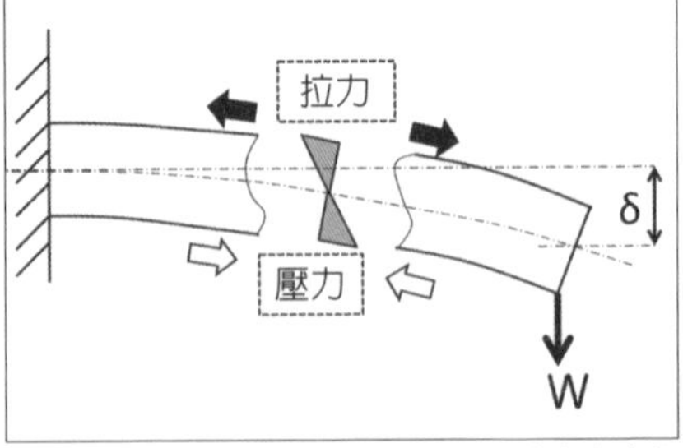

根據今天的力學知識，大家都知道，牆上突出的懸臂梁會向上拱起呈弧形，尖端向下彎曲，這種變形促使斷面上側產生拉應力，下側產生壓應力。

現在「梁」的斷面下側。然而，伽利略卻告訴我們，「梁」的斷面上側產生的應力度應該大小均一。伽利略的想法之所以跟現代力學知識之間產生差異，主要是因爲伽利略的時代，沒有人認爲「梁會因爲作用力而變形」。

如果我們站在「梁不會變形」的觀點來看，又會得出怎樣的結論呢？根據伽利略的說明，在這種情況下，懸臂梁的根部成爲旋轉中心，「梁」的尖端所承受的重量在根部造成旋轉力矩，所以「梁」會順著重力方向傾倒。這時，對抗旋轉的力量（R）則均等地分布在「梁」的斷面上。

同樣的原理也可能發生在墓碑上。地震的時候，墓碑上會產生兩種力矩，一種是促使墓碑傾倒的力矩，另一種是墓碑以其本身重量抗拒傾倒的力矩，兩者正好彼此抵消。而墓碑呈九十度倒向地面，也剛好印證了伽利略對懸臂梁的說明。

◎結構物都是彈性體？

「結構物都是彈性體」這種觀念從什麼時候開始的呢？大家在中學理科的課程都學過「虎克定律」，這也是彈性力學的基礎。

虎克定律的內容是「把重物掛在很長的彈簧下端進行觀察，彈簧伸展的長度跟重物的重量成正比」。如果將彈簧承受的力量標注在座標的橫軸，彈簧伸長的長度標注在縱軸，兩項數值剛好形成線性比例的關係，在圖表上的呈現就是一條直線。如果用這項科學定律來研究橋梁，重點就是：「彈簧或跟彈簧一樣具有彈性的物體受到提拉或壓縮而產生的變化，與恢復原狀所需的力量成正比。」

虎克是在一六七六年發表了這項定律。據說他當時是以拉丁文表達：「Ut tensio, sic vis」。翻譯成英文就是「As the extension, so the force」。換成日文來表達的話，可以寫得更有韻律：「有多大力量，就伸得多長。」換句話說，虎克定律其實就是延伸與拉力之比。

虎克還針對懸臂發表過一篇論文（〈關於彈簧〉〔De Pontetia Restitutiva〕，一六七八年），文中提到「梁」的斷面上側出現凸起變化時，上側的拉應力會使下側出現壓應力。多虧虎克提出他的研究成果，我們今天才能踏進彈性體的世界，這方面訊息也是我們深入理解「梁」的各種變化的必要基本知識。

伽利略帶頭掀起以實證方式研究力學之後，有關力學的探索不斷發展，最後，終於在十九世紀前期確立了結構力學理論。這項理論也被稱爲「古典力學」。更令人慶幸的是，十九世紀以後剛好趕上產業革命後期的建設熱潮，除了大量興建鐵道、道路等之外，也包括橋梁等各種社會基礎建設在內，所以伽利略的力學理論也因此成爲這些工學技術的基礎知識。

中世紀以後的歐美木造橋

歐洲的木造橋從中世紀開啓序幕，就在伽利略發明的力學理論在歐洲發展並確立爲古典力學的這段時期，歐洲木造橋歷史上也出現了新品種。

瑞士、奧地利等地在中世紀以前建造的，都是附帶屋頂的木造橋，之後才逐漸演變爲木造拱橋或桁架橋。歐洲在十八世紀至十九世紀建造的木造橋，都採用原木向上組成拱形或三角形的結構形態。歐洲原有的木造橋曾在十七世紀以後傳入美國，因爲移居美國的歐洲居民曾在新英格蘭爲中心的地區，建造了許多歐洲式木造橋。後來到了十九世紀，從歐洲移居澳洲的移民人數越來越多，其中又以英國移民爲主，他們在澳洲建造的是木造桁架橋。

澳洲的木造橋（新南威爾斯州）。一九〇〇年左右建設。（一九九六年攝影）[I]

瑞士的教堂橋。一三〇〇年左右興建，是歐洲最古老的木造橋，其中部分橋體已在一九九三年燒毀。但在一九九四年又再度重建。（二〇〇〇年攝影）[I]

歐洲附帶屋頂的木造橋當中，最有名的是一三〇〇年建在瑞士琉森的教堂橋。琉森位於蘇黎世南方六十公里的琉森湖畔，中世紀曾是德國通往義大利途中必經的城鎮。琉森的四周都有城牆包圍，就跟中世紀的其他城市一樣，教堂橋建在河口附近，因為橋梁不僅是跨越河流的方法，同時也扮演城牆的角色，預防外敵從湖中逆河而上侵入城中。

教堂橋是歐洲最古老的橋。但在一九九三年八月，因為拴在橋邊的船隻失火，約三分之二的橋身都被燒毀了。好在後來相關機構又利用舊橋剩下的木材，重新建起一座新橋。

此外，英國劍橋大學皇后學院的校園裡有一條康河，這條河上曾在十八世紀中葉建造過一座木造橋，名叫「數學橋」。另外在巴黎塞納河中的沙洲西堤島上，也曾建造過木造拱橋。據說當時的設計圖現在仍保存得很完整。這座西堤橋的橋長為三十一公尺，橋寬十・二公尺，根據設計圖顯示，橋梁左側的跨徑是由木材組成的結構，右側的外壁則以木板作裝飾。

數學橋（劍橋大學，康河）。十八世紀中葉建成。這座橋在結構上算是兩岸都有水平力支撐的拱橋，但同時也是利用拱架對抗彎曲的拱橋。[I]

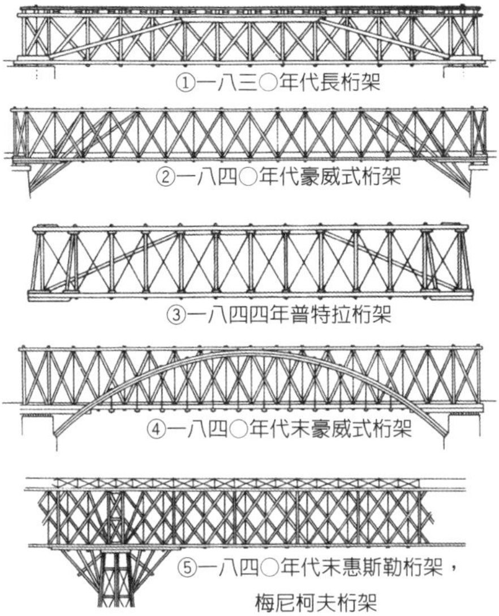

一八三〇～一八四〇年代歐洲出現的各種桁架

出所：J. G. James. "The Evolution of Iron Bridge Trusses to 1850", *Transactions of the Newcomen Society. Volume 52, Issue 1*, 1980, *Newcomen Society*, 1981.

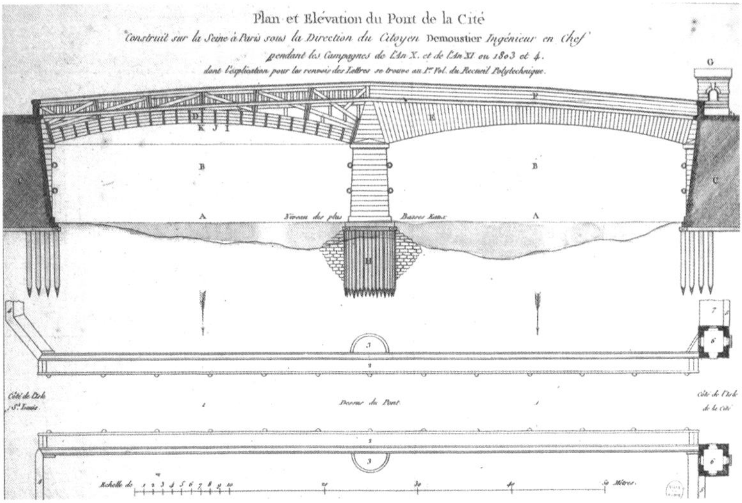

木造的西堤橋設計圖（巴黎，十九世紀初）。這座木造拱橋建在巴黎塞納河中的沙洲西堤島上。圖中的左側可以看到木料結構，右側顯示橋墩外壁採用木板做裝飾。這是從下游方向看到的側面圖，西堤島在橋的右側。取自：《塞納河上的橋閃耀在巴黎街頭的 37 座橋》東日本旅客鐵道出版，一九九一年

從桁轉變為桁架

◎全都是梁結構的傳統木造橋

接下來，讓我們繼續回歸正題吧。日本在近代以前的傳統木造橋，上部結構幾乎全都由「梁」所構成。不僅是橋梁，就是在建築方面，日本在連結「梁」與「柱」的技術方面，也比歐洲先進得多，譬如在屋頂架之類的結構中，屋柱所支撐的水平部件也都是「梁」。日本的橋梁或建築裡，水平方向的木造部件全都是梁結構，從來沒有其他變化。即使有「奇橋」之稱的甲斐猿橋，或是越中的愛本橋，甚至在寺廟建築裡用來支撐屋簷的「桝組」（或稱「斗拱」），這些也都是梁結構的延伸，做工雖然比較精巧，但從構造的形式上來看，卻完全不脫梁結構的原型。究竟，日本爲什麼不肯選擇梁結構以外的建築結構呢？

明治初期，日本政府聘請的外國土木專家都認爲，日本傳統橋梁的結構比較原始，或許他們做出這種評價的理由，是因爲木造橋的壽命只有數年，耐久性低，而且結構上幾乎全都是水平方向架設的「梁」，只能期待以「梁」的彎曲對抗重量。另一方面，傳統木橋的結構裡完全沒有任何部件組成向上發展的桁架或格子桁架結構。而在同時期的歐美木造橋，卻納入了各式各樣的木造桁架或拱橋設計，跟日本完全呈現兩極的對比。

日本在近代以前建造的木造橋，橋墩都是由柱組成，同時也擔負支撐「梁」的任務。組成

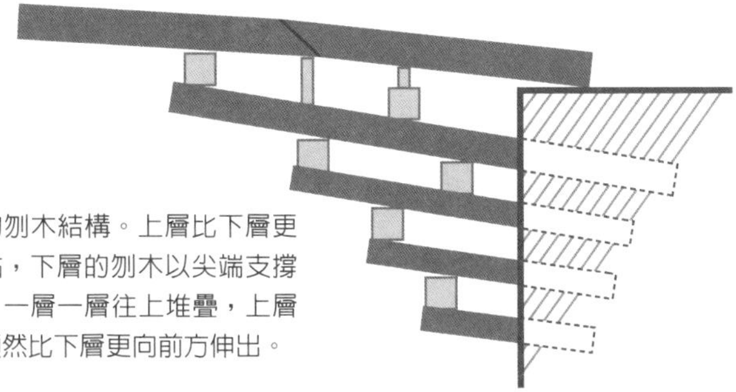

刎橋的刎木結構。上層比下層更長一點，下層的刎木以尖端支撐上層，一層一層往上堆疊，上層刎木顯然比下層更向前方伸出。

刎橋靠近岸邊的刎木全都一層層插入兩岸山壁或土中，並以這種方式構成懸臂梁。[I]

橋墩的柱與柱之間，有時採用十字形木條作爲支撐，但卻從未出現過利用木材向上構築的結構體。日本的橋開始採用桁架結構，還是在幕府末期，當時大家都把這種建築法視爲歐美引進的近代技術。近代以前，日本的橋始終只有「梁」作爲主要結構，而且日本採用石造拱橋結構，也比歐洲、中國晚了千年以上，這兩項事實，都是令人不解的謎。在日本橋梁史上，近代發生的第一件大事，就是擺脫上述的梁結構。

◎日本的第一座桁架橋

屋頂架的桁架

日本最早採用桁架的建築，並不是橋，而是長崎製鐵廠於一八六〇年（萬延元年）建造的廠房屋頂架。這間廠房由荷蘭提供技

長崎製鐵廠的廠房屋頂架桁架（一八六〇年）。[I]
三菱重工長崎造船廠史料館收藏

日本的傳統屋頂架

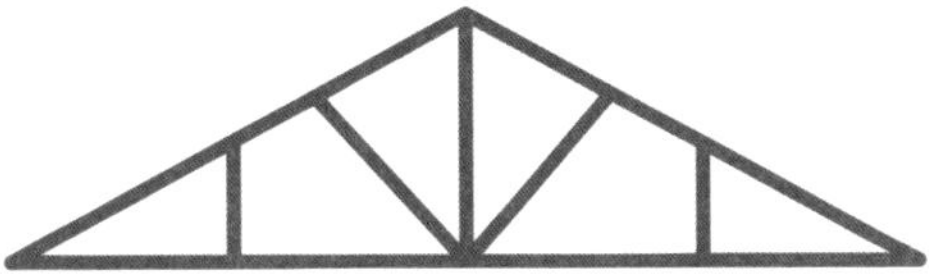

屋頂架桁架

富岡製絲廠（一八七二年，國寶）的屋頂架桁架。[I]

術支援而建成。今天在三菱重工長崎造船廠史料館展示的照片裡，我們看到當年荷蘭技師跟製鐵廠主管人員的身影，還有剛完成基本裝配作業的熟鐵桁架。

這座桁架是用許多細長部件組成，基本是以三角形結構爲主，逐漸向上堆疊而成，跟原木製成的梁比起來，這種屋頂架的跨徑雖大，跨徑之間卻不需要任何支撐。工廠的廠房原是從事作業的地方，內部空間最好盡量避免出現礙事的屋柱。以往廠房的屋頂都需要有大梁支撐，有了這種桁架組成的屋頂架之後，梁就不需要了。

有些工廠使用蒸汽機作爲動力來源，蒸汽引擎都安裝在狹長的廠房角落，廠房的屋頂中央則以縱向順序安裝螺旋槳軸，藉著螺旋槳的轉動供給動力。

長崎製鐵廠建成後過了五年，薩摩藩主島津齊彬也在鹿兒島建造一座近代工廠。這座廠房現在已被指定爲重要文化財，並且改名爲「尙古集成館」。構成這座建築物屋頂架的桁架，採用較粗的底弦，也可以看成是「梁」吧。明治時代以後，譬如一八七二年（明治五年）開業的富岡製絲廠，或是鐵道寮的新橋工廠等，廠房的屋頂架都是採用木造或鐵筋的桁架構成。

至於橋梁方面，一八六九年（明治二年）在橫濱建成的吉田橋，就是一座桁架較爲細密的華倫式桁架橋。這座橋現在已經看不到了。不過今天的吉田橋上重新裝設的欄杆採用了格子桁架的外觀設計，倒還留下了幾分從前那種細密桁架的模樣。

第一座鐵道桁架橋

一八七二年（明治五年），新橋・橫濱之間的鐵道開通了，這也是日本最早通車的一段鐵道，全程共有二十三座鐵道橋，全都用檜木建造，其中規模最大的一座，是跨越多摩川的六鄉川橋梁，建造時，是以桁架組裝而成。由於建橋之初就沒有打算長期使用，所以二十三座木造橋都是以風乾的檜木建成。架設後沒過幾年，這些木造橋就出現了腐蝕現象。後來到了一八七七年（明治十年），政府決定以鐵橋替換二十三座木造橋，現在仔細計算一下，這些木橋的壽命僅只五年而已。

◎近代以前的木造橋為何只有梁結構

歐洲的木造橋歷史從中世紀展開了序幕，十八、十九世紀，歐洲建造了各式各樣的木造

現在的吉田橋。欄杆採用了模仿格子桁架的外觀設計。（二〇一六年攝影）[I]

橋，其中包括利用原木組成的拱橋、桁架橋等。而日本的橋則全都採用梁結構。歐洲跟日本之間的這種差異，究竟是什麼原因造成的呢？爲什麼日本在近代以前沒有出現超越梁結構的橋梁形態呢？我認爲探索這種相異現象的成因，也就是研究歐洲與日本的橋梁文化差異，儘管這項任務並不簡單，卻令我感到興趣盎然，也給我帶來許多樂趣。

首先，我認爲造成上述差異現象的主因之一，或許是因爲「日本人覺得造橋只靠梁結構就夠了」。也就是說，因爲沒有需要，所以就沒有比「梁」更進步的結構出現。日本人建造橋梁的目的，主要是爲了讓重量較輕的行人通過，而不是爲了載貨馬車之類的重物才建的，所以只靠梁結構以彎曲對抗載重就足夠了。而且，當時的工廠也不像產業革命後那些使用動力的工廠，並不需要爲了動力機械確保寬闊的作業空間。

當然，對木造橋來說，颱風、水災或地震之類頻繁發生的天災，確實是沉重的負擔。然而，日本的社會基礎建設從來就不指望長久使用，而且像地震、颱風之類的強大外力，也不是人類能夠克服的，換句話說，地震、颱風之類造成的損失，原本就是超出人類所能預期。

大多數傳統木造橋的平均壽命大約只有數年至十年，所以在近代以前，日本的社會基礎建設從沒建造出永久性的建築，而總是反覆建造臨時性設施。換句話說，也可以把這種現象看成是，日本當時沒有動機去建造精緻宏偉的橋梁。

明治維新以後，政府根據歐化政策引進了西歐的技術，這項政策也可以說是偉大的近代技

六鄉川橋梁是一座木造桁架橋。前往橫濱的方向在橋梁右方。取自：《法國軍官眼中的近代日本曙光 路易 · 克來特曼收藏品》IRD 企劃，二〇〇五年

術轉移實驗，而日本也因爲在極短的時間內，成功地引進了各領域的技術，所以成爲世界史上有名的先例。日本之所以能夠迅速完成近代化，或許是因爲日本在近代以前就已普設相當於私塾的寺子屋，國民的識字率極高，而且精通算學（指日本傳統數學，叫做「和算」）。留學生與外國技術人員帶來的寶貴知識之所以能在全國廣泛普及，並且形成極大的力量，肯定都跟這些條件有關。

不過，日本在近代以前培養的國民素質，是否轉成了自發性發展技術發展的動力？這一點，卻不免令人產生疑問。

西歐在偏重分析的科學方面十分發達，而日本近代以前的傳統理工知識當中，幾乎完全不存在力學爲基礎的學問

體系。當然也有人認爲，日本在數學方面，已有傳統的「和算」，但一般人認爲和算之所以發達，只是因爲「和算是技藝，而非學問」（《近代日本的科學思想（講談社學術文庫）》），從來都沒人把「和算」視爲一門實用的學科。換句話說，一般人並不知道數學在工學方面的實用性，而只把數學看成是解答試題的技藝。

等到日本的近代化、產業革命掀開序幕時，年輕的日本武士才跟西歐的技術驟然相遇，他們這時亟欲獲得的知識，除了外文，就是洋槍大砲的彈道計算方式，以及航海技術必需的幾何學。洋槍、大砲，以及黑船都可以花錢購入，但爲了操縱這些西洋玩意，卻得先具備物理學爲基礎的各種知識。日本在幕府時期購入的第一艘蒸汽輪船，是在一八五四年從荷蘭購入的「森賓號」。日本爲了操縱這艘船，還先派遣人員前去學習技術，又特地在長崎設立了「海軍傳習所」。當時日本的相關人員在翻譯協助下，才聽懂了荷蘭語解說，並學會了航海技術。而在學習航海技術之前，他們還必須先學會代數、幾何、平面三角、球面三角等知識，而日本的和算技能在航海技術方面，完全是英雄無用武之地。更何況，當時的武士並沒把和算列入必修科目。也因此，日本當時從西洋學習航海技術時所遭遇的困難，也就不難理解了。我們只要想像一下，假設文科學生進了理工科系，突然去聽「構造力學」的課，那是什麼感覺，大家也就能理解了吧。不過，當時有一名佐賀藩派去學習實用「蘭學」的學生卻聲稱，課堂上的教學內容，他都聽懂了。（《日本海軍雇用的外國人　幕府末期到日俄戰爭（中公新書）》）

從結論來看，日本近代以前原有的理科知識，在明治以後引進技術的過程中，並沒有發揮直接的效用。日本近代以前擁有的學識素養，也沒有引起自發性的技術革新，更沒有成爲近代以前的木造橋擺脫梁結構的原動力。

【橋梁趣聞】桁架構造的翻譯表現

明治時代以前的橋跟以後的橋，兩者的特徵區別在於，後者開始採用鐵材，並逐漸選擇桁架代替梁結構。

一八六九年（明治二年），橫濱吉田橋建造完工，這是日本第一座鐵造桁架橋；一八七二年（明治五年），新橋・橫濱之間的鐵道跨越多摩川的地方架起日本第一座鐵道桁橋（木造桁架橋）。之後，鐵道建設範圍不斷擴大，橋桁過長的場所都改用標準型熟鐵桁架橋，標準型橋桁長度分為兩種，一種是七十英尺（約二十一公尺），另一種是一百英尺（約三十公尺）。大部分都從歐美進口。

明治二十年以後，國內開始出版有關橋梁的日文教科書，同時也出版了標準型桁架橋圖鑑。全國各地普遍建設木造桁架橋做為當地的道路橋。

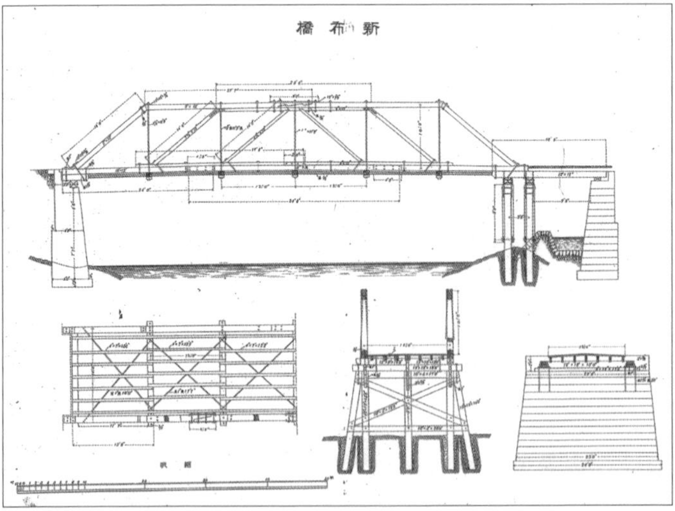

「新布橋」的設計圖。這張圖收在一八九三年（明治二十六年）發行的《木橋圖譜》當中。這是一本木造桁橋的設計圖集。取自：《木橋圖譜第二集》工學書院，一八九三年

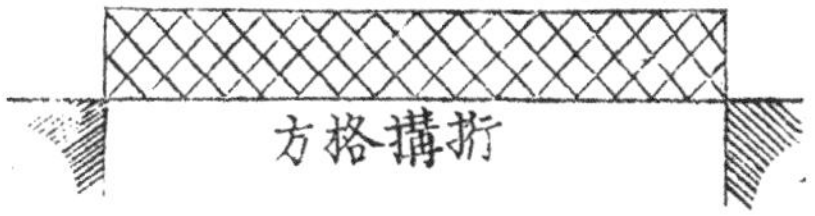

★方格構桁（格子桁架）

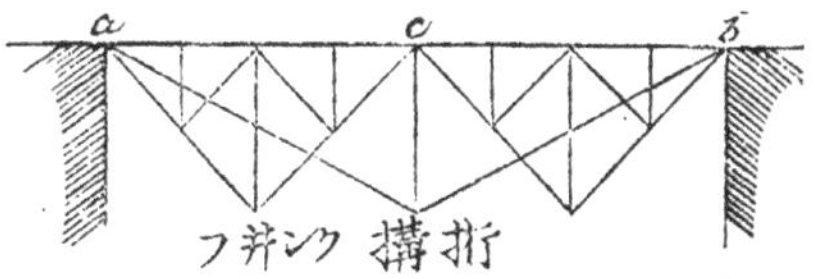

★芬克構桁（芬克式桁架）

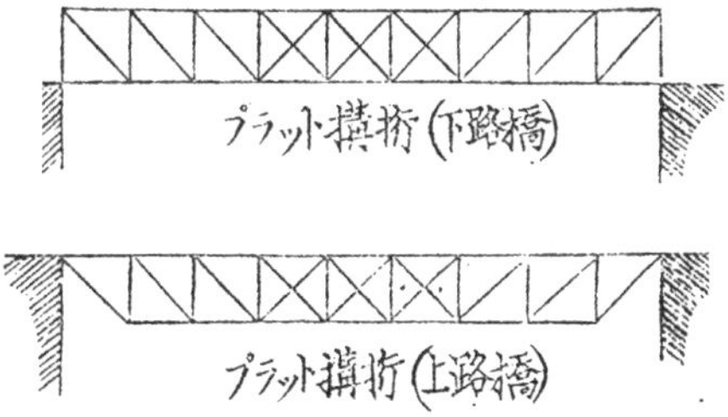

★普特拉構桁（普特拉桁架）

★豪威氏構桁（豪威式桁架）

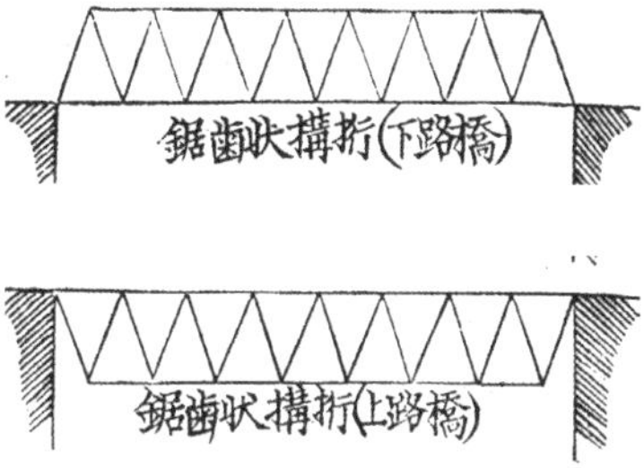

★鋸齒狀構桁（華倫式桁架）

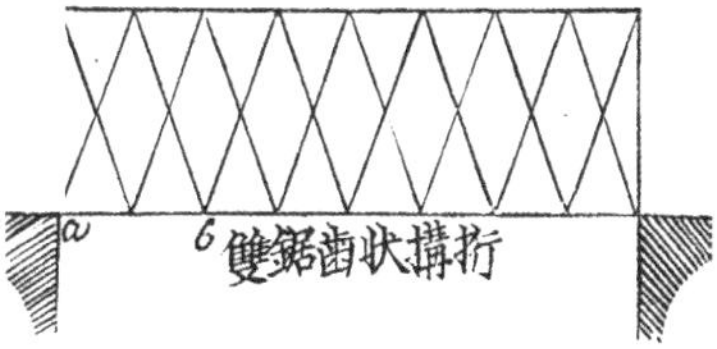

★雙鋸齒狀構桁（雙華倫式桁架）

★是桁架構造的日式翻譯。( ) 內是現在使用的名稱

取自：《橋梁論》工談會，一八九三年

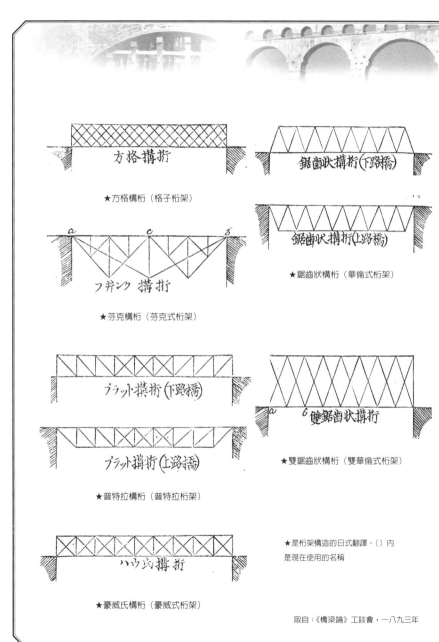

於是，明治以前從沒出現過的桁架橋，隨著明治維新的腳步漸漸走進了日本，而對應桁架橋及各部位的新日文也慢慢地誕生了。

日本在明治時代曾經創造了許多日文名詞，用以表示各領域的新文物，這些日文名詞當中，有些一直被沿用到今天，甚至已經變成眾所周知的日文，有些卻像泡沫似的曇花一現，早就被人們遺忘了。就拿現在廣泛使用的名詞為例，譬如像：「社會」、「自由」、「權利」、「個人」、「愛」、「憲法」等，都是明治前期對外來語的翻譯表現。

相同的，當時對橋梁的桁架構造也創造了很多名詞。有些一直沿用至今，也有很多早就被淘汰了。譬如我們今天所說的「華倫式桁架」，這種桁架構造在當時叫做「鋸齒狀構桁」，「格子桁架」在當時被稱為「方格構桁」。此外，像「鉚接」叫做「綴釘關節」，「樞接」叫做「軸串關節」，「眼杆接」叫做「串眼關節」……這些名詞現在都沒人使用了。

像「鋸齒狀構桁」（像鋸子的鋸齒一樣的桁架構造）之類的翻譯表現，雖然簡單易懂，卻沒被繼續使用。據說「society」一詞，當年福澤諭吉曾以片假名譯為「索薩艾奇」，後來有一段時期，又被譯為「自家兄弟」。這種譯法雖然一看就懂，卻難以理解所指何意。就拿前面提到的「鋸齒狀構桁」來說，也有同樣的缺點啊。

橋梁的建設與契約

8

一八七七年（明治十年）建設的桂川大橋。架設在大阪．京都之間鐵道橫跨桂川的地方。全長三百四十四．四公尺。

橋被視為建築物的時候，就是單純的「物品」，但「簽約訂購一座橋梁」所代表的意義卻是：「獲得承包者在簽約後開始建設橋梁的保證。」建設行為要等到簽約之後才會展開，而橋被當成「物品」製作完成的那一刻，已是簽約的瞬間過了很久之後了。

訂購橋梁的契約裡最重要的是，必須設想一切可能在建設期間發生的狀況，談妥各種假想範圍內能夠採取的對應措施。不僅如此，進行橋梁，道路，灌溉水道等公共建設之前，契約裡都必須寫註明工程的承包單位、工程的進行方式、資金來源等，所以說，一分建設工程的契約不僅能顯示那個國家或地區自古以來的商業習慣與交易常識，更能深刻地反映出當地居民對公共設施所抱持的態度。

在這一章裡，讓我們一起探討日本的橋梁建設契約在江戶時期以後如何變遷，並藉此了解日本人做事方式的特徵。

橋梁工程的發包方式

建造一座橋梁，將會牽涉到各種立場的人士，有些人負責預算、資金，有些人負責設計，還有些人在建築現場負責架設工程，他們當中的每個人都有資格宣稱：「這座橋是我造的。」從制定計畫到橋梁完工，這段過程又分成許多階段。其中所謂的「發包」，就是要決定實際擔任橋梁架設工程的承包者，以及開工後隨工程需要而進行一連串行動。

今天日本負責發包橋梁工程的機關，通常是中央或地方政府、JR或私鐵等鐵道公司，以及像高速公路公司之類管理道路或鐵道橋的團體。而接受承包任務的單位，則是負責工程的橋梁建設公司。

橋梁工程的發包作業遠在動工之前就已展開，首先需要選定一家承包工程的公司，跟他們簽訂契約。古代建造橋梁時，大部分都是由發包的團體或機關單位自行施工。這些團體或機關單位親自選購材料，雇用工人，然後進行建設工程，這種經營方式被稱之爲「直營」。而在現代建設橋梁，一般都是以投標方式來決定建設工程的承包單位。事實上，這種投標／承包的方式，早在江戶後期就已經存在了。

有些商業交易必須付出對等的代價才能購入極具價值的「物品」或「服務」，譬如建設一座橋梁，就屬於這類商業交易，但是訂造一座橋梁，跟購入汽車或其他家電之類的交易相比，還是有很大的差別。就拿發包橋梁工程來說，從簽訂契約到橋梁完工，兩者之間存在很大的時間差。簽訂發包契約的時候，橋梁根本連個影子都還沒有，必須等待數年之後，橋梁完工了，才能把橋交給發包單位。

發包單位與承包單位之間簽下契約，就表示「承包單位將按照約定的金額與期限，依照契約的內容建造橋梁」。因此，為了選定簽約對象而舉辦的投標，或為了履行契約內容而提供擔保，甚至開工後在各階段採取何種措施等，諸如此類的細節都非常重要。

明治以前的投標、施工方式

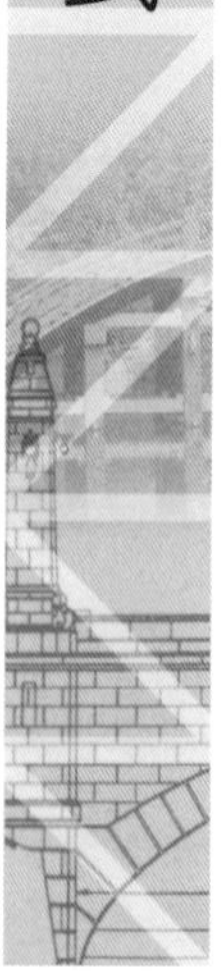

◎普請與建設

日本在古代建設橋梁，都是由當地僧侶負責，就跟地區的道路等公共設施整備工作一樣，僧侶把這些業務當成宗教活動，先從周邊地區籌集資金、材料、勞工等，然後利用僧侶擁有的專業知識，在工地現場指揮橋梁架設工程。譬如通往神社參拜的道路、橋梁等，通常都由神恩澤被的信徒捐款興建。

江戶時代以後，幕府逐漸走向中央極權化統治，凡是治水、農業水利、開墾、街道與橋梁的整備等各項建設工程，從籌募資金到實地施工，全都交給各地藩屬負責，這種方式叫做「手傳普請」，其中也隱含了幕府企圖控制藩屬財政的陰謀，特別是針對那些前朝歸降又很有錢的「外樣雄藩」。

「建設」這個名詞，是近代之後才開始使用的字眼。江戶時代以前，「建設」被稱爲「普請」。事實上，「普請」原本是佛教用語，意思是指橋梁等公共設施進行整備時所需的勞力、資金、材料，全由當地居民提供。江戶時代以前，像整頓河流、圍墾、填海造地、灌溉、架設橋梁等公共事業，大部分都由坐享建設利益的地方自治團體主動提供勞動服務，後來隨著政權逐漸趨於穩定，統治者才改用徵召勞役（傭夫）的方式進行建設。

◎江戶時期的投標與施工方式

十七世紀以後，江戶城中的公共建設工程改由將軍命令跟德川家臣團當中的旗本與御家人負責施工。根據《巖有院殿御實紀*》（第十四）記載，一六五七年（明曆三年），江戶麴町進行堤防工程時，奉行（負責人）曾向負責將軍警衛任務的書院番赤井五郎作忠秋，以及掌管幕府軍事的小姓組市橋三四郎長常發出命令，紀錄中並留下了這段文字：

「二十三日（明曆三年十一月）書院番赤井五郎作忠秋，小姓組市橋三四郎長常奉命負責麴町邊堤防修築」

另一方面，十七世紀中期以後，城市裡出現了專門提供勞工的行業，叫做「背夫」或「轎夫」，工程單位施工前都會向他們雇用勞工。這種運作方式也就是所謂「外包業」的先驅，他們把單純提供勞力的服務變成了商品。但一項工程從頭到尾都採用外包勞力的方式，卻是在十七世紀晚期以後才開始普及。

《東京市史稿　產業編》裡有一段文字，提到一六七八年（延寶六年）江戶的某町即將舉辦招標的告示（公告）。公告主旨是關於江戶靈岸島三處橋梁改建工程，內容大致如下：「因橋梁進行改建，即將舉辦投標。有意者請自行了解工程內容。敬請全町居民關注。」書中的原文如下：

橋梁改建招標

靈岸嶋新川通的一之橋，二之橋、以及南茅場町後面的橋，以上三橋即將進行改建。有意投標者今日起可跟喜多村連絡，請自行抄錄發包內容，填寫申請表格。特此敬告全町居民。以上。

四月朔日（延寶六年）町年寄（町內下級官吏）三人共同具名

◎承包業者登場

眾所周知，江戶初期的官商河村瑞賢（一六一八～一六九九年），以及一六五三年負責建造玉川上水的玉川庄右衛門、清右衛門兄弟，都被稱爲日本承包業的先驅，不過他們當時扮演的角色，可能只是向雇主提供建議的顧問，而實際的工程雜務，都是命令擁有專業知識的民間人士去做，就像幕府把任務派給家臣一樣。

江戶時代的木橋壽命極短，所以需要定期重建，定時維修。大約從十八世紀初期開始，這類工程就以承包的方式進行。譬如一七一九年（享保四年）的江戶新大橋架設工程，一七二八年（享保十三年）與一七三二年（享保十七年）進行的兩國橋修建工程，都算是以承包方式進行工程的早期先例。

上述工程的承包業者當時已經形成幕府固定雇用的專家團體，史料裡也記錄了白子屋勘七、菱木屋喜兵衛等人的姓名。這兩人的真實身分，其實是出租房屋的屋主，但他們也是專做橋梁工程的承包業者，一七三四年（享保十九年）三月，這兩人已成爲幕府專用的承包業者，專門負責江戶城內幕府公儀橋的檢修、維護、重建等工程。這些公儀橋的維修費用全都由幕府承擔，而且以一年一次的方式付給這兩位承包業者。從上述紀錄可以看出，這種承包制度在十八世紀已在江戶等城市地區開始普及。承包業者的服務內容包括：提供比較需要專門技能的勞工，譬

用語解說——巖有院殿御實紀：十九世紀前期編纂的江戶幕府官方紀錄《德川實紀》的一部分，內容為第四代將軍德川家綱（巖有院）的日常紀錄。

如在高空作業的鳶職人；領導、管理勞工並提供勞工；補充必要的勞工，使單純勞工數維持在一定數額；定期負責橋梁維修等固定工程。

明治時代的承包方式

◎鐵道工程與承包

明治時代以後的公共工程有一項特徵：大量的鐵道工程不斷湧現，數量多得超過以往任何時代。尤其是明治時代前期，幾乎所有的土木工程都是興建鐵道。早從明治時代以前開始，承包制就已成爲實績可觀的施工方式，現在更因爲大量出現的鐵道工程，承包業也隨之迅速普及起來。

譬如一八七〇年（明治三年）進行的鐵道工程中，三月是新橋・橫濱之間的鐵道，七月是大阪・神戶之間的鐵道，兩項工程都得先展開測量作業，真正開始動工，是在一八七〇年底。承包業者最初興建的路線並不包括阪神之間與各工區的主要路線在內，所以施工人員可一面施工一面熟悉作業內容。

新橋・橫濱之間路線是國內最早的鐵道工程，當時的承包方式只需承包業者提供勞工，工種則包括：建築工人、鳶職人、木匠、石匠、泥水匠等，建設材料全部由發包者提供。另一方面，

桂川橋梁（明治十年左右）位於大阪 · 京都之間的鐵道上，是一座長達三百四十四 · 四公尺的大型鐵橋，規模僅次於上神崎川橋梁。取自：《法國軍官眼中的近代日本曙光　路易 · 克來特曼收藏品》IRD 企劃，二〇〇五年

半年後開工的大阪・神戶之間路線的工程，承包方式改由發包者的鐵道公司自行施工。

一八七三年（明治六年）十二月開工的大阪・京都之間鐵道工程，則跟新橋・橫濱之間路線一樣，由承包業者提供勞工。這項工程的承包業者是首次投入建設項目的大阪富商藤田傳三郎，他一向深受陸軍信任，是陸軍的御用業者。藤田的事業從此轉向鐵道承包工程，他跟新橋・橫濱之間鐵路工程的承包業者高島嘉右衛門一樣，都是因為深受官方信任，獲得官方特許認證，才能以商業資本家的身分轉行成為工程承包業者。藤田為了確保勞工來源，還另外設立了附設組織丹波屋、上州屋，專門負責招募工人。

大阪・京都之間的鐵道工程中，主要任務是在桂川、太田川、茨木川等河流上面架設橋梁。這幾座熟鐵桁架橋全都從英國進口，跨徑一百英尺（三十公尺），是當時最長的跨徑。架橋工程的負責人西奧多・沙恩（一八四八～一八七八年），是政府招聘的英國技師，他也是大阪・神戶之間路線的工程負責人。

◎完全由日本人自行完成的工程

明治十年以後，全國鐵道的延伸速度突然加快，一連串建設活動中的第一項工程，是一八七八年（明治十一年）八月開工的京都・大津之間的鐵道工程。這也是第一次全部由日本人自行完成的鐵路建設，鐵道局長井上勝（一八四三～一九一〇年）擔任總工程師，主要的作業成員由工技生養成所第一期學員工程師組成，工程中的橋梁、隧道所採取的承包方式，是由發包者的鐵道公司直接施工。

沿線最重要的橋梁是鴨川橋梁，這座熟鐵板桁橋共有八個跨徑，橋長約五十英尺（約十五公尺），負責設計的是工技生養成所第一期學員助理工程師三村周。橋桁在鐵道局神戶工廠進行製造，由六等助理工程師小川勝五郎擔任工程管理，其他參與作業的，也都是神戶工廠的職工，也就是說，橋桁的製造作業從頭到尾都由發包者親自進行。

◎特命、隨契的鐵道承包工程

鴨川橋梁完工後，長濱・敦賀之間的鐵道工程於一八八〇年（明治十三年）四月開工，工程的承包方式比從前更加靈活，譬如契約上雖然註明由承包業者提供勞工，實際上卻是承包工程。參加這項工程的承包業者當中，包括了從前曾經參與京都・大津之間鐵道工程的小川勝五郎，當時他還以發包者的助理工程師身分，負責橋梁架設工程。小川承包的橋梁工程採用當時日本最長跨徑的熟鐵板桁橋，跨徑長度七十英尺（約二十一公尺），橋桁由神戶工廠負責製造。姉川橋梁共有四個跨徑，妹川橋梁則有三個跨徑。

長濱・敦賀之間的鐵道工程只有官方指名的業者參加投標，由鐵道局長井上勝親自跟他們面談，認可之後，直接簽訂無標契約。但這種承包方式的前提是，業者都是鐵道局自行培養的

井上勝。一八九〇年（明治二十三年）創設的鐵道廳首任廳長，被後人稱為「日本鐵道之父」。取自：《子爵井上勝君小傳》井上子爵銅像建設同志會，一九五一年

親信，而且雙方都很信賴這種承包關係。

敦賀線進行工程時，井上局長和承包業者之間發生過一個小故事。這個故事正好也說明了上述的信賴關係。據說當時吉田寅松帶領的「吉田組」因爲技術生疏，無法在規定期限之前完工。井上局長聽說後很不高興，當場決定跟吉田組解約。另一方面，鹿島岩藏帶領的「鹿島組」也同樣因爲技術不熟而屢次出錯，但鹿島岩藏寧願損失約定收入的一成，也要把工程做好，所以他的誠實態度贏得了井上局長的信賴。而「吉田組」後來被排除在承包名單之外很長一段時間，直到兩年後的一八八二年（明治十五年），井上局長才終於息怒，准許「吉田組」的名字重新列入承包業者名單裡。

井上勝擁有「日本鐵道之父」的稱號。他出生在長州藩，是日本最早前往海外學習工科技

術的留學生。一八六三年（文久三年），他跟伊藤博文等五人放棄武士身分，變成了「脫藩者」，一起搭上英國「怡和洋行」的商船偷渡到倫敦。井上勝在倫敦留學期間，長州發生四國艦隊下關砲擊事件，伊藤博文匆匆趕回日本，井上勝繼續留在英國，並去倫敦大學修習鐵道、礦山、造幣等技術，直到一八六八年（明治元年）。從他二十歲出國，二十五歲回國，前後共在倫敦留學五年。明治元年回國後，井上接受中央政府徵召，先在造幣、礦山等領域任職，然後才投入鐵道方面的工作。

下面讓我們再把話題轉回契約。明治初期，日本的鐵道工程開始以承包方式施工，幾乎所有案例都是發包者根據信賴關係點名指定簽約對象，或採用另一種叫做「隨契」的方式。前者的指名方式也叫做「特命」，後者即是不舉行公開招標的「無標契約」。

真正採用公開招標方式選擇承包業者的第一項鐵道工程，是日本鐵道公司於一八八四年（明治十七年）發包的品川經新宿至赤羽的路線，也就是今天的部分山手線與赤羽線，路線總長度爲二十一公里。

◎明治會計法的制定與投標方式

明治憲法頒布的同時，政府制定了會計法（一八九〇年施行），原則上規定公共建設必須以公開招標方式發包。接著，政府又在一八九三年（明治二十六年）公布了鐵道會計法，規定鐵道工程必須以公開招標方式發包。明治會計法於一八八九年（明治二十二年）公布，第二年的一八九〇年（明治二十三年）開始實施，這項會計法規主要是汲取法國的法令精神而制定，第二十四條的條文也是日本首次明文規定，公共事業的發包對象必須以公開招標方式選定。

這項會計法的制定，對日本的公共工程發包方式帶來極大的衝擊，特別是已經持續了近二十年的鐵道建設。因爲鐵道向來是公共工程的主角。但現在法令卻規定以後必須舉辦公開招標，這等於是公開宣布，明治初期以來經由實際施工建立信賴關係的「特命」或「隨契」等方式，以後都必須放棄了。

會計法與鐵道會計法實施後，發包者與承包業者之間憑藉信賴關係的發包方式已無法繼續存在，以往倚賴「特命」或「隨契」的承包業者，將會失去經營基礎，而且新開張的承包業者也將充斥在街頭巷尾。

就在上述法令實施之前的一八八七年（明治二十年），日本最早的法人組織「日本土木會社」成立了。這家綜合承包企業，原本是應該符合發包者的期待的。事實上，這家公司就是今天的「大成建設」的前身。公司設立之初的構想，是企圖以資金、規模、人才等條件爭取發包者的信賴，並藉此擴大業務範圍。但不幸的是，公司才剛成立沒多久，政府就制定了會計法，公共工程的發包方式也從「特命」轉爲招標，這家公司承包的工程數也突然暴減，所以很快就關門大吉。

另一方面，當時實際參與承包事業的相關人員也在抱怨，認爲國內業者對公開招標感到陌生，這種方式根本不符合國內建設業的契約習慣，業界人士都不希望實施公開招標。一八九九年（明治三十二年），政府只好以天皇敕命的方式，特別指定公共工程免受會計法限制，改以指名招標方式來選定承包業者。

譬如當時的中央線建設工程（一八九六年開工，一九一一年完工）就是天皇敕命的受惠者。中央線包括全長四．八公里的笹子隧道，以及全長二．四公里的小佛隧道，工程的技術難度與規模都超過以往任何鐵道。所以鐵道局強烈希望以指名或特命方式，從京都．大津之間鐵道工程以來培育的施工業者當中挑選承包業者。於是，鐵道局首先根據業者以往完成的工程內容判斷技術水準，同時也參考業者的實績與經驗，然後才決定採用免受會計法限制的指名招標方式。

會計法最後終於在一九二一年（大正十年）進行修正，除了公開招標、隨意契約之外，指名招標也被列入法令條文當中。這種指名招標方式後來一直沿用到戰後。事實上，在一九九〇年代之前的大約七十年之間，日本幾乎所有的公共建設工程都是採用這種方式招標。

◎近代初期的契約書與說明書

國內進行建設工程之前，發包與承包雙方首先要簽訂書面契約，這是從近代以前就有的習慣。明治時代以後，工部省製作寮建築局於一八七四年（明治七年）針對土木工程契約，制定了建築工程承包招標手續的規定，第二年，又制定了「招標定則」，也就是法令實施細則。

一八八〇年（明治十三年）四月開工的長濱・敦賀之間鐵道施工時，主管機關曾經製作了〈米原敦賀間鐵道建築土工規格及承包者注意事項〉。這分文件，也是日本針對鐵道工程做出實際規定的第一分契約文件。文件是在開工後的一八八一年（明治十四年）六月完成，內容包括：切土與盛土的規格、禁止違法轉包、解約、付款條件、保證金等。

一八八六年（明治十九年）七月開工的東海道本線建設工程，是會計法制定前進行的最後一項大規模公共工程。東海道本線於一八八九年（明治二十二年）完工。當時的主管單位製作了一份〈東海道本縣工程土工規格書及承包者投標注意事項〉，其中第十三條之後的契約內容，全都是有關技術規格以外的規定，譬如：簽約後的開工期限，延遲開工的罰款、解約、承包者的經驗、資產、付款條件等。文件裡還規定投標時必須提出的保證爲：兩名以上保證人和保證金。此外，條文裡還有一條：「得標的承包業者未必是最低價投標者，必須經由主任技師判斷後再做取捨。」也就是說，最低價投標者不一定就是得標者，要等主任工程師判斷之後才能決定。從這則條文也可看出，跟投標價格比起來，發包者更重視的是主任工程師與承包業者之間的信賴關係。

今天的建設工程標準條款，最早是在一九五〇年（昭和二十五年）制定的，後來又經過數度修正，才成爲今天的內容。政府制定這項條款之前，物價廳曾在一九四八年（昭和二十三年）

十月規劃過一份「官廳工程承包標準契約書（案）」。也就是說，一九五〇年的前後數年之間，當時建設廳剛剛成立，建設工程標準條款正在制定，日本的官方與民間都曾在這段時期針對公共工程的定位進行過熱烈討論。

日本人的契約意識

◎長期的信賴關係

眾所周知，日本因爲是從近世到近代之間突然地迅速引進歐美技術，所以許多建設技術在發展過程中缺乏連續性。譬如像建造鐵橋的技術，日本近世的傳統技術中並沒有這一項，因此全都是明治時期以後從歐美引進的。而相對的，包括橋梁在內的公共工程簽訂承包契約習慣，卻是日本從近世以來早已存在的，雖然後來發生了明治維新、二戰結束等政治上的斷層，但承包契約跟其他商業傳統習慣一樣，在本質上從沒出現任何變革。

日本執行公共工程發包的方式，向來都是在發包者的強力主導下進行，這一點，也是近世以來的一貫作風。而明治時代以後的土木技術之所以不斷發展，一方面因爲日本積極吸收歐美引進的技術，另一方面，也因爲發包者的技術人員累積了實用的技術與經驗。正是由於本身的技術不斷提高，再加上最低價格制、連帶保人制，發包者才能擁有強大的指導能力，並藉此擴展公共工程事業。而在這種看似由發包者自行施工的直營式承包事例中，最不可缺的，就是發包者與承包者之間超越個案契約關係的信賴，以及經由互信培養的長久交情。

明治會計法實施後，公開投標曾經引起混亂。所以政府最後只好以天皇敕命的形式，採用了比較符合現狀的指名投標，上述兩項事實則剛好證明了發包者與承包者之間信賴關係的重要。另一方面，從這些包括橋梁在內的公共工程發包事例當中，我們也能看出日本人的契約意識的特徵。

◎共識重於競爭

日本公共工程之所以採取這種執行方式，主要原因是因爲企業對於「共識（和諧）」極爲重視。這種風氣也是早已根深蒂固的商業習慣。另一方面，明治會計法制定後，公開投標方式始終無法獲得「好感」，最後只好以天皇敕命的名義，改用指名投標方式。造成這種結果的背景，也是因爲企業重視共識。

明治會計法規定，選定簽約對象的方法必須以競爭爲出發點。在競標過程中，最低價投標者才能成爲簽約對象。這種制度最常出現的典型違規行爲，就是雙方私下勾結作弊的「談合」。然而，日本取締這種違規行爲的法律依據，卻不是因爲違反自由競爭，而是因爲妨礙公務執行。

一九四二年（昭和十七年）刑法制定第九十六條第三款時，把上述的「談合罪」列入條文，主要目的是爲了處罰妨礙公務的業者，這裡的公務是指以公正方式選定契約對象的手續。我們從這項條文也可以看出日本人對公開投標所持的態度，一般認爲談合行爲有問題，並不是因爲談合限制競爭，而是因爲談合妨礙公務執行。

另一方面，爲了維護企業的競爭性，日本也開始著手制定「獨禁法」，藉此排除獨佔（壟斷），推行自由競爭。根據這項法律條文，妨礙自由競爭的獨佔行爲被認爲是不法交易。然而這項法律完成制定，卻是在二次大戰結束後的一九四七年（昭和二十二年），也就是在美國統治下制定的「獨禁法」。

另外值得一提的是，日本企業只跟熟識的對象進行交易（排他性雇傭制企業），或許也是出於獨佔的目的吧。這種排他性做法一直持續到二十世紀末，也可說是形成日本商業習慣特徵的一大因素。

◎「謝絕生客」的交易

從中世紀到近世這段時期，部分工商業者組成的同業公會、商會之類的組織基於特權思想，養成了保護自身權益的習慣，這種傾向不僅是日本，就連歐洲各國也同樣存在。中世紀的歐洲同業公會原先也跟日本一樣，後來因爲各國根據國策而對國家、地區與同業之間的利益進行了調整，狀況才有所改變。但近代以後又有人提出不同的看法，就像亞當・斯密曾在《國富論》

裡指出，打破各同業公會的排他性特權、廢止師徒制度、排除壟斷行爲等，這些做法都可爲國家帶來利益。

日本從中世紀到近代，只有緊緊攀附當權者，獲得商業特權的官廳專用商人或皇家御用商人，才能簽到公共工程的指名契約。不過其中也有例外，譬如戰國武將織田信長掌權時就不設同業公會制度，而改設自由貿易的「樂市樂座」。對於掌權者來說，排除自由競爭，只跟同業公會、商會之類特定商人緊密結盟，畢竟也是統治經濟的象徵，難怪掌權者都喜歡這套做法。

從近世到近代這段時期，日本國內有關分配特權的政策，基本上採取只照顧熟人的經濟統治方式，亦即「排他性雇傭制企業」。但其中也有例外。譬如一八四一年（天保十二年）實施的天保改革，就提出禁止組織同業公會的規定。不過，十年後的一八五一年（嘉永四年），商會組織還是復活了。一八七二年（明治五年），明治政府雖然再度廢止同業公會與商會組織，卻把同業公會納入政府的管理範圍，所以實質上，這種組織仍然存活了下來。事實上，當時政府與民間企業緊密相連，也是富國強兵政策的一環，那些從政府手中獲得特權利益的官商，在本質上跟同業公會是一樣的。此外，日本人對公開投標無法產生好感的另一個重要原因，是因爲日本人尊重和諧，凡事都傾向協調，不喜歡競爭。所以有些企業才會打出「謝絕生客」之類的招牌，只願跟熟識的對象做生意。

◎國家主導的施工方式

另一方面，日本執行公共工程的方式還有一項特徵，就是國家主導主義。

爲了趕上歐美，完成國家近代化，就必須在短期內引進歐美技術。所以日本政府在明治初期以引進技術爲目的，首先設置工部省，聘請大批外國專家，接著又推行歐美留學制度、國內技術教育制度等。而上述一連串措施，確實也發揮了作用，使得日本在短期內引進並吸收了歐美的技術。

日本在近代化過程中採取的做法是，所有產業都在國家主導下創立，等到企業走上軌道之後，才由公營轉爲民營，這種做法的目的，是希望藉由引進技術而促成產業近代化。而且日本政府也認爲，產業化就是企業在官方的主導與保護下轉移給民間的過程。

但是在建設領域方面，公共工程所佔的比重極大，所以無法像其他的產業分野那樣輕易地轉移給民間，這也是產業制度不易在建設領域建立的主因。

因爲日本的公共工程執行系統，表面上看似由官方簽約發包給民間企業，實際上，官方在工程進行中還是扮演著積極的角色，基本上，等於就是一種官方直營式的承包形態。

從明治時代到現在，發包者始終緊握施工技術在工程中扮演積極的角色，承包業者就算能夠獨立開業，卻根本無法獲得產業自主。在建設產業的領域中，承包業者只有跟發包者變成一家人，才能經營下去。也就是說，承包業者在公共工程中只是配角而已。

這種由國家主導公共工程的執行過程中，發包者並非根據契約充當民間企業的「後勤」，而是從頭至尾親自動手施工。就拿製造橋梁的企業工廠來說，發包者的政府機構只把他們當成國營的下游工廠利用罷了。從廣義上解釋，那些工廠等於就是官方的直營工廠。而這種經營形態，其實跟從前社會主義國家根據計畫經濟原則經營的國營工廠或國營產業十分類似。

【橋梁趣聞】國際契約糾紛

日本在明治時代加緊腳步邁向現代化，同時向歐美訂購了各式各樣的工業製品，跟外國簽訂的契約數量也突然暴增。然而，明治初期的日本對於契約並不熟悉，因此也發生了各種糾紛。

譬如長崎的「鐵橋」，這座橋是日本第一座鐵橋，是由國內的長崎製鐵廠製造；第二座鐵橋是橫濱的「吉田橋」，也是在國內的橫濱燈塔寮製造。接著，一八七〇年（明治三年）架設在大阪的「高麗橋」，是日本第三座鐵橋，這座橋的鐵製部件全都在英國的達靈頓鐵工廠製造，然後從英國運到日本來組裝。

當時代表日方出面訂購高麗橋的官員，是大阪府的推事後藤象二郎，跟他簽訂進口橋梁部件契約的，則是一家叫做「奧特商會」的公

《高麗橋望西明治初年》（一八六八年）。大阪市立圖書館收藏

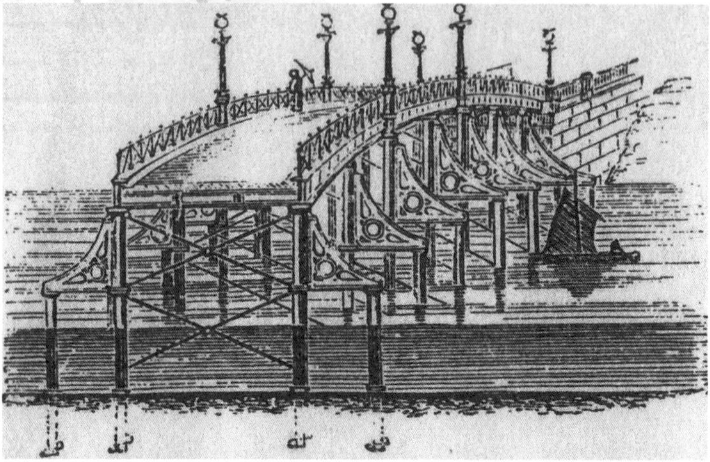

橋梁製作公司發行的圖書裡刊載的高麗橋。取自：Ewing Matheson. *Works in Iron: Bridge and Roof Structures,* London, E & F. N. Spon, 1873.

司。後來之所以發生契約糾紛，是因為總金額超過了當初契約註明的價格。契約裡雖有一則關於變更設計的條文：「開工後，若實際金額超過當初議定的七千五百兩白銀，雙方經由協議，可追加相當數額之內的費用。」但是契約裡卻沒標示「相當數額之內」的具體數字是多少。當初「奧特商會」拿到訂單後，立刻委託達靈頓鐵工廠進行設計、估價、製造等項作業，廠方則根據以往的實績，建議變更製作價格。不過廠方提出的估價卻超過契約註明的金額一倍以上，造價變成了一萬五千五百兩白銀。

達靈頓鐵工廠進行高麗橋的設計作業時，日方提供的訊息並不完整，至多只有橋長之類的資料。廠方提出的計畫中，橋梁下部結構打算採用當時比較普及的棧橋式螺旋樁，不過日方並沒有把架橋地點的地盤數據交給廠方，所以設計人員似乎因此過度預估了橋墩的貫入度。

當時參與製造高麗橋的安德魯韓迪賽鐵工廠，曾在一八七三年出版了《鐵工藝品：橋梁與屋頂建築》（*Works in Iron: Bridge and Roof Structures*），由倫敦「E& F. N. Spon社」發行。這本書收藏在英國土木學會圖書館，我到英國去做其他主題的調查研究時，偶然在書中發現了這張高麗橋的設計圖。這本書並非一般的圖片集，書中關於橋梁的解說部分裡，從橋梁種類到設計條件、載重、製造方法等，寫得非常清楚，甚至還列舉了從前的舊橋實例。高麗橋就是這些實例之一，書中同時還附加了高麗橋的圖片說明。

此外，書中也列出高麗橋的相關資料：橋身全長三十英尺（約九公尺），共有八個跨徑，橋寬十八英尺（約五・五公尺），熟鐵製橋墩，直徑三十公分，附有螺旋樁。除了這些訊息外，文中還有一段記述：「這座橋因為是在英格蘭進行設計，無法獲得足夠的資訊，結果橋身造得太沉重，太堅固。如果根據一般狀況設計，跨徑應該可以更長，橋墩也可以更少，橋梁的經濟效益應該會更好。」這段文字剛好也跟日本方面的紀錄互相呼應。

高麗橋因變更設計而提高造價，這件事讓大阪府感到非常震驚，因為英國工廠提出的價格實在高得嚇人。大阪府決定拒絕支付，因此造成了日英之間的契約糾紛。日本方面派出外務省與當時的駐日公使巴夏禮進行折衝。雙方協調到最後，日本不得不接受英國的要求，由外務省墊付追加的金額，這場糾紛才平息。

除了高麗橋之外，明治初期跟建設有關的契約糾紛中，最常聽到的，都是跟籌集鐵道建設資金有關的契約。譬如在政府的鐵道建設計畫中，第一階段預定鋪設的線路包括：東京・神戶之間的幹線鐵道和京阪神支線，當時預估的工程費總價大約是三百萬英鎊。但是政府高官伊藤博文、大隈重信等人都認為，當時在國內不可能籌到這麼龐大的資金，所以他們計畫向英國借錢。後來在巴夏禮的介紹下，日本政府跟英國資產家李泰國簽下了借款契約。

不過，這分契約裡雖然註明借款金額為一百萬英鎊，借入期間為十二年，利息為百分之十二，其他關於資金來源之類的很多細節，都寫得很曖昧。尤其按照契約內容來看，重點似乎不只是借錢，而是把許多其他權限也讓給了英國。譬如雇用鐵道建設所需的技術人員，購買資財等。換句話說，根據契約內容，李泰國不僅負責籌集資金，似乎也承包了全部鐵道建設事業。這一點，也是後來發生契約糾紛的原因。

李泰國最初是打算以個人名義集資，但是計畫進行得並不順利。一八七〇年（明治三年）三月二十三日，《泰晤士報》的報導宣稱，李泰國將以發行公募債券的方式籌集全部資金。報導中提到公募債券的利息是百分之九，也就是說，李泰國企圖從中賺取百分之三的利息差。更過分的是，他是以日本政府的名義發布這則發行公債的消息，但他事前卻沒跟日本政府討論過這件事。就連日本政府也是看了新聞報導，才知道發行公募債的事情。

眼看情況演變至此，日本政府終於決定跟李泰國交涉解約。結果，這次契約糾紛幸好獲得東藩匯理銀行的幫忙，最後終於以和解方式達到解約的目的。

新橋 ・ 橫濱之間鐵道通車典禮（一八七〇年十月十二日）時，天皇抵達會場的景象。這項日本最早的鐵道建設工程，被視為文明開化的象徵，但也因為集資問題而發生了契約糾紛。取自：*The Illustrated London News*

結語

我還在從事橋梁設計的那段日子，每天從早到晚都跟數字和設計圖爲伍。我一面絞盡腦汁思考著橋梁結構，一面在設計圖中獨具巧思地畫出圖形，然後到工廠按照圖紙製作橋桁。等到親眼看到橋梁在工地架設起來的那一刻，心中的快樂實在無法形容。不久之後，我被派到英國倫敦擔任特派員，工作內容跟以前完全不同了，身邊的環境也發生了一百八十度的改變。

接到外派命令的時間，剛好是發生日航空難的那個盛夏。由於辦理簽證較爲費時，待我單槍匹馬到達倫敦的時候，秋天早已降臨人間。又過了一段日子，家人和船運行李才到達倫敦，季節也從晚秋跳到了寒冬。我從陽光燦爛，空氣乾燥的日本關東地區一下子搬到氣候潮溼的英國，這種變化確實令我在異國生活之初感到退縮。不過，住在英國的那段日子，我經常利用週末和假期，周遊各地，參觀古橋，這種活動給我帶來極大的樂趣。因爲以往從事與橋有關的工作，這段經驗讓我習慣從對比的角度觀察橋梁。看到英國的古橋，我就不禁聯想國內的橋，現代的橋，這種習慣一直持續至今，也可以說是我對古橋懷抱興趣的出發點。

接觸到海外文化的同時，我也能獲得思考國內文化的機會。同樣的道理也適用於橋的歷史與文化。以對比的視角觀察國外的橋，我才發現日本的橋跟國外的相異之處，也才能進一步思考造成這種相異點的背景。這種深思的過程，又給我帶來重新發現日本的線索。橋跟道路、水庫、隧道等社會基礎建設的建築物一樣，都是幫助人類獲得便利、舒適、安全的手段。而橋梁不僅扮演它原有的角色，更隨著歲月流逝，逐漸融入人類生活的場所，變成地區景觀不可或缺的一部分。也就是說，橋梁原就是構成人類文化的一項要素。

今天的每座橋都有不同的故事，有些橋繼承了自古留下的傳統、史蹟或名稱，有些橋曾是古代戰場，還有那些近代建造的鐵橋或混凝土橋，每座橋都濃縮了催生它們的時代樣式、技術、物語。今天仍在為人們服務的橋，正是當初製造它們的人類活動帶來的成果。橋的壽命遠遠超過人類，只要細心觀察它們，深入探索它們的來源，就能讓我們對日本的文化與歷史更加了解。

我就是根據上述的經驗與想法，寫完了這本書。但我必須承認的是，剛開始書寫的時候，跟即將結束的現在，我的書寫方向發生了一些變化。本書寫到一半的時候，有人認為內容寫得很有趣，建議我從一般讀者的角度繼續寫下去。但我擔心這種寫法，或許會把這本書寫成一本目錄式的橋梁簡介，所以後來又加進一些連我都覺得過於專業的內容。關於這一點，歡迎讀者提供意見。

完成本書之前，我要向出版社相關人士表達謝意，感謝大家給我執筆本書的機會。同時，也要向幫忙編輯、製作本書的先生女士們說聲謝謝。

五十畑 弘

二〇一六年十月

参考文献

『堤防橋梁積方大概』土木寮、1871年
『橋梁論』岡田竹五郎著、工談會、1893年
『木橋圖譜　第二輯』野沢房敬著、1893年
『鉄筋コンクリート』井上秀二著、丸善、1906年
『子爵井上勝君小伝』井上正利編、井上子爵銅像建設同志会、1915年
『東京市街高架線東京上野間建設概要』鉄道省、1925年
『明治工業史　土木編』日本工学会編、日本工学会、1929年／学術文献普及会、1970年（復刻版）
『御茶ノ水両国間高架線建設概要』鉄道省、1932年
『本邦鉄道橋ノ沿革ニ就テ』久保田敬一著、東京帝国大学博士論文（1933年）、鉄道省大臣官房研究所、1934年
『明治以前日本土木史』土木学会編、土木学会、1936年／1973年（第3刷）
『新科学対話　上（岩波文庫）』ガリレオ・ガリレイ著（1638年）、今野武雄［他］訳、岩波書店、1937年／1961年（第14刷）
『三四郎（新潮文庫）』夏目漱石著、新潮社、1948年／1998年（第120刷）

『倫敦塔・幻影の盾　他五篇（新潮文庫）』夏目漱石著、新潮社、1952年
『東京市史稿　産業篇　第5』東京都編、東京都、1956年
『東京市史稿　産業篇　第7』東京都編、東京都、1960年
『重要文化財眼鏡橋移築修理工事報告書』諫早市教育委員会編、諫早市教育委員会社会教育課、1961年
『鋼の時代（岩波新書）』中沢護人著、岩波書店、1964年
『日本土木史　大正元年〜昭和15年』土木学会日本土木史編集委員会編、土木学会、1965年／1982年（第1版・第4刷）
『日本土木建設業史』土木工業協会著、電力建設業協会共編、技報堂、1971年
『維新と科学（岩波新書）』武田楠雄著、岩波書店、1972年
『土木建設徒然草』飯吉精一著、技報堂、1974年
『日本国有鉄道百年史　通史』日本国有鉄道編、日本国有鉄道、1974年
『特命全権大使　米欧回覧実記　二（岩波文庫）』久米邦武編、田中彰校注、岩波書店、1978年／1996年（第12刷）
『明治大正図誌　第11巻　大阪』岡本良一／守屋毅編、筑摩書房、1978年
『山河計画　橋　1979春』上田篤／大橋昭光編、思考社、1979年
『眼鏡橋　日本と西洋の古橋』太田静六著、理工図書、1980年

『写真集　長崎の母なる川　中島川と石橋群』中島川復興委員会／日本リアリズム写真集団長崎支部編著、長崎出版文化協会、１９８３年
『日本の橋　鉄の橋百年のあゆみ』日本橋梁建設協会編、朝倉書店、１９８４年
『写真集明治大正昭和大阪　ふるさとの想い出310　上』岡本良一編、国書刊行会、１９８５年
『お雇い外人の見た近代日本（講談社学術文庫）』R・H・ブラントン著、徳力真太郎訳、講談社、１９８６年
『産業革命のアルケオロジー　イギリス製鉄企業の歴史』B・トリンダー著、山本通訳、新評社、１９８６年
「断片　明治34年4月頃」『漱石文明論集（岩波文庫）』三好行雄編、夏目漱石著、岩波書店、１９８６年
『歴史と伝説にみる橋』W&S Watson著、川田貞子訳、川田忠樹監修、建設図書、１９８６年
『維新の港の英人たち』ヒュー・コータッツィ著、中須賀哲郎訳、中央公論社、１９８８年
『日本海軍お雇い外人　幕末から日露戦争まで（中公新書）』篠原宏著、中央公論社、１９８８年
『日本書紀　全現代語訳　上（講談社学術文庫）』宇治谷孟訳、講談社、１９８８年／２００６年（第40刷）
『江戸の産業ルネッサンス（中公新書）』小島慶三著、中央公論社、１９８９年
『アイアンブリッジ』N・コッソン／B・トリンダー著、五十畑弘訳、建設図書、１９８９年
『漱石日記（岩波文庫）』夏目漱石著、平岡敏夫編、岩波書店、１９９０年／１９９７年（第11刷）

『日本の橋（講談社学術文庫）』保田與重郎著、講談社、１９９０年
『R・H・ブラントン　日本の灯台と横浜のまちづくりの父』横浜開港資料館編、横浜開港資料普及協会、１９９１年
『セーヌに架かる橋　パリの街並みを彩る37の橋の物語』東京ステーションギャラリー編、東日本旅客鉄道、１９９１年
『幕末欧州見聞録　尾蝿欧行漫録』市川清流著、楠家重敏編訳、新人物往来社、１９９２年
『明治政府と英国東洋銀行（中公新書）』立脇和夫著、中央公論社、１９９２年
『近世日本の科学思想（講談社学術文庫）』中山茂著、講談社、１９９３年
『１９９６大山崎町歴史ガイドブック』大山崎町歴史資料館、１９９６年
『日本の美術No.362　橋』鈴木充／武部健一著、至文堂、１９９６年
『日本奥地紀行（平凡社ライブラリー）』イザベラ・バード著、高梨健吉訳、平凡社、２０００年
『大日本全国名所一覧　イタリア公使秘蔵の明治写真帖』マリサ・ディ・ルッソ／石黒敬章編、平凡社、２００１年
『現代語訳　平家物語　上・中・下（河出文庫）』中山義秀訳、河出書房新社、２００４年
『フランス士官が見た近代日本のあけぼの　ルイ・クレットマン・コレクション』コレージュ・ド・フランス日本学高等研究所／

フランス国立科学研究センター日本文明研究所監修、ニコラ・フィエヴェ／松崎碩子編、アイアールディー企画、２００５年

『日本橋絵巻』三井記念美術館編、三井記念美術館、２００６年

『「論考」江戸の橋　制度と技術の歴史的変遷』松村博著、鹿島出版会、２００７年

「橋の聖と俗　死後審判の橋における意義をめぐって」Ｌ・ガルヴァーニョ著、大阪大学博士論文、２０１２年

『新版日本の橋　鉄・鋼橋のあゆみ』日本橋梁建設協会編、朝倉書店、２０１２年

「歴史的鋼橋（長浜大橋）の補修工事について」『橋梁と基礎47（６）』近藤博貴［他］著、建設図書、２０１３年

『技術者の自立・技術の独立を求めて　直木倫太郎と宮本武之輔の歩みを中心に』土木学会土木図書館委員会直木倫太郎・宮本武之輔研究小委員会編、土木学会、２０１４年

『小林清親　〝光線画〟に描かれた郷愁の東京　没後一〇〇年（別冊太陽日本のこころ２２９）』吉田洋子監修、平凡社、２０１５年

Ewing Matheson. *Works in Iron: Bridge and Roof Structures*, London, E. & F. N. Spon, 1873.

W. Westhofen. *The Forth Bridge*, London, Offices of "Engineering", 1890.

John Milne, W. K. Burton. *The Great Earthquake of Japan, 1891*, Lane, Crawford & Co., 1892.

J.A.L. Waddell. *Economics of Bridgework; a Sequel to Bridge Engineering*, New York, John Wiley, & Sons, 1921.

J. G. James." *The Evolution of Iron Bridge Trusses to 1850*" , Transactions of the Newcomen Society. Volume 52, Issue 1,

1980, Newcomen Society, 1981.

J. G. James. *Overseas Railway and the Spread of Iron Bridges C.1850-70*, Author, 1987.

R. H. Brunton. *Building Japan: 1868-1876*, Kent, Japan Library Ltd, 1991.

索引

※ 羅馬數字為卷頭彩色特集的頁數，阿拉伯數字為本文頁數。
< >內為都道府縣．國名

關東地方

近畿地方

大阪

滋賀縣

兵庫縣

九州地方

長崎

大分縣

福岡縣、鹿兒島縣

中部地方

富山縣

人物

相關名詞

日本再發現 007

橋：跨越空間與距離的日本建築美學與文化

日本の橋：その物語、意匠、技術

國家圖書館出版品預行編目（CIP）資料

橋：跨越空間與距離的日本建築美學與文化 / 五十畑弘著；章蓓蕾譯. -- 初版. -- 臺北市：健行文化出版：九歌發行, 2019.04

面； 公分. -- (日本再發現；7)
譯自：日本の橋：その物語、意匠、技術
ISBN 978-986-97026-6-9(平裝)
1. 橋梁 2. 文化研究 3. 日本
441.8 108002943

著　者——五十畑弘
譯　者——章蓓蕾
責任編輯——莊琬華
發 行 人——蔡澤蘋
出　版——健行文化出版事業有限公司
台北市 105 八德路 3 段 12 巷 57 弄 40 號
電話／02-25776564・傳真／02-25789205
郵政劃撥／0112263-4
九歌文學網 www.chiuko.com.tw
印　刷——晨捷印製股分有限公司
法律顧問——龍躍天律師・蕭雄淋律師・董安丹律師
發　行——九歌出版社有限公司
台北市 105 八德路 3 段 12 巷 57 弄 40 號
電話／02-25776564・傳真／02-25789205
初　版——2019 年 4 月
定　價——380 元
書　號——0211007
I S B N——978-986-97026-6-9